U0640764

# 襄阳市科技服务业发展
# 与区域经济协同创新研究

孙　艳　著

中国财富出版社有限公司

**图书在版编目（CIP）数据**

襄阳市科技服务业发展与区域经济协同创新研究／孙艳著.—北京：中
国财富出版社有限公司，2022.12
ISBN 978 - 7 - 5047 - 7818 - 5

Ⅰ.①襄… Ⅱ.①孙… Ⅲ.①科技服务—服务业—产业发展—研究—
襄阳②区域经济发展—研究—襄阳 Ⅳ.①G322.763.3②F127.633

中国版本图书馆 CIP 数据核字（2022）第 243795 号

| | | | | | | | |
|---|---|---|---|---|---|---|---|
| **策划编辑** | 周 畅 | **责任编辑** | 邢有涛 刘康格 | **版权编辑** | 李 洋 |
| **责任印制** | 梁 凡 | **责任校对** | 卓闪闪 | **责任发行** | 杨 江 |

| | | |
|---|---|---|
| **出版发行** | 中国财富出版社有限公司 | |
| **社　　址** | 北京市丰台区南四环西路 188 号 5 区 20 楼 | **邮政编码** 100070 |
| **电　　话** | 010 - 52227588 转 2098（发行部） | 010 - 52227588 转 321（总编室） |
| | 010 - 52227566（24 小时读者服务） | 010 - 52227588 转 305（质检部） |
| **网　　址** | http：//www.cfpress.com.cn **排　版** 宝蕾元 | |
| **经　　销** | 新华书店 **印　刷** 北京九州迅驰传媒文化有限公司 | |
| **书　　号** | ISBN 978 - 7 - 5047 - 7818 - 5/G · 0784 | |
| **开　　本** | 710mm×1000mm 1/16 **版　次** 2023 年 3 月第 1 版 | |
| **印　　张** | 10.75 **印　次** 2023 年 3 月第 1 次印刷 | |
| **字　　数** | 154 千字 **定　价** 52.00 元 | |

# 前 言

"科技创新是提高社会生产力和综合国力的战略支撑。"党的十八大以来，以习近平同志为核心的党中央着眼全局、面向未来，作出"必须把创新作为引领发展的第一动力"的重大战略抉择，实施创新驱动发展战略，为我国发展指明了方向，同时提出"让科技服务为促进科技成果转移转化、提升企业创新能力和竞争力提供支撑"，释放出科技服务业提速发展的重要信号。

建设创新型国家是我国中长期发展战略，协同创新是提高我国创新能力的重要途径，科技服务业是我国科技创新的中坚力量。在这样的背景下，研究科技服务业区域协同创新的协调机理和发展路径，具有十分重要的理论和指导意义，为更好推动科技服务业发展，探索科学的发展方向。党的十八大报告指出："实施创新驱动发展战略。"学习贯彻党的十八大精神，就要着力增强创新驱动发展新动力，使经济发展更多依靠科技进步、劳动者素质提高、管理创新驱动，更多依靠节约资源和循环经济推动，更多依靠城乡区域发展协调互动，不断增强长期发展后劲。在激烈的国内外市场竞争环境中，以产业集群和协同创新促进区域经济高质量发展是构建高质量区域经济布局的必然选择。

襄阳市是湖北省第二大城市，也是中西部地区第一个建成的省域副中心城市。作为湖北省科技资源密集城市，襄阳市全面落实国家发展战略方针，实施创新驱动发展战略，全面推动科技服务业发展，建立了湖北省第二家国家（襄阳高新区）海智基地、鄂西北第一家中国科协科技成果转化襄阳分中心，打造了全国首家地市级"智慧科协"样板间，争创国家检验检测认证公共服务平台示范区，奋力打造具有重要影响力的区域性科技创新中心，大力度实施创新策源、双链融合、人才引领、要素聚合、协同创新五大工程。

2020 年，在中共湖北省第十一届委员会第八次全体会议上，湖北省委提出着力构建"一主引领、两翼驱动、全域协同"的区域发展布局，加快构建全省高质量发展动力系统。在全新区域发展战略布局下，襄阳市未来的发展被寄予厚望。湖北省"十四五"规划支持襄阳市加快建设省域副中心城市、汉江流域中心城市和长江经济带重要绿色增长极，引领"襄十随神"城市群创新发展，高标准建设"一核三城"创新主平台，推动制造业创新发展和优化升级，打造国家智能制造基地、国家现代农业示范基地、全国性综合交通枢纽、区域性创新中心和市场枢纽。

为加快推动科技服务业及各细分领域的创新发展，充分发挥科技服务业对区域经济发展的重要作用，襄阳市科学技术局于 2020 年出台了《襄阳市"十四五"科技创新规划（2021—2025）前期研究工作方案》，围绕襄阳市科技成果转化体系、新型研发机构建设情况、襄阳市科技创新创业发展情况、襄阳市各类创新平台发展情况等领域，结合软科学项目计划，组织高校、科研院所对相关课题展开调查研究。本书作为襄阳市 2020 软科学在科技服务业领域科研项目的研究成果（项目编号 202719186），主要内容包括以下方面。

第一，梳理科技服务业的类别范围和统计口径，明确科技服务业的内涵和功能，凝练科技服务业的行业特点，分析我国科技服务业的发展现状及趋势。依据《中华人民共和国统计法》《国务院关于加快科技服务业发展的若干意见》（国发〔2014〕49 号），国家统计局将科技服务业的统计范围确定为科学研究与试验发展服务、专业化技术服务、科技推广及相关服务、科技信息服务、科技金融服务、科技普及和宣传教育服务、综合科技服务七大类。科技服务业具备人才智力密集、科技含量高、产业附加值大、辐射带动作用强四大突出特点。近年来，我国科技服务业发展环境日益改善，配套政策相继出台，保障机制逐渐完善，规划布局逐步合理；"三新经济"崛起助力科技服务产业发展，科研经费支持力度加大，技术交易规模显著提高，科技服务机构不断增加。今后科技服务业的发展将不断尝试跨界融合，推动制造业服务化，同时专业化和集成化趋势突出，第三方趋势越发显著，随着新技术在科技服务领域应用的不断深入，线上线下服务相结合开展科技服务成为必然趋势。

第二，研究了襄阳市科技服务业的发展现状，对各领域发展情况进行了实地调查走访，筛选和评估了从事科技服务重点企业或平台、重点项目的发展和建设状况、优势、特色。发展科技服务业对襄阳市高质量经济发展具有重要的战略意义。襄阳市科技服务业主体发展迅速，高新技术企业数量持续增加，科技创新平台建设加快，科技人才引进工作不断加强。同时，襄阳市近年来科技活动活跃，经费投入力度显著加大，科技服务机构体系建设初具规模，重大项目引进工作持续展开。襄阳市科技服务业重点发展方向集中在研发服务、专业化技术服务、科技推广服务和科技金融服务几大领域，一批具有鲜明发展特色和显著技术优势的国有或民营企业和平台不断发展壮大。

第三，研究和设计了襄阳市科技服务业发展规划，确定了科技服务总体发展思路与目标，明确了今后重点建设项目和方向。以"市场导向、政府推动""系统规划、统筹推进""开放共享、协同创新""重点突破、全面发展"为基本原则，力争到2025年将襄阳市科技服务业发展成为全市现代服务业的重要组成部分，基本形成链条完整、特色突出、布局合理、投入多元的科技服务业体系。襄阳市科技服务业的发展方向是领先发展研发服务，找准战略产业关键技术，整合研发创新平台；重点发展科技推广服务，搭建功能完备的创业孵化器服务体系，健全成熟高校的技术转移服务体系。在政策保障方面，需要充分发挥政府在战略规划、政策标准等方面的引导作用，加强行业管理与规范，拓宽融资渠道，完善人才引进机制，加强人才队伍建设。

第四，研究了区域经济协同创新机制和理论基础，探讨了相关概念的界定，明确了区域经济协同创新体系的构建路径。区域协同创新是在一系列理论成果的基础上提出的概念，包括区位理论、协同理论、创新理论和创新生态系统理论等。区域经济协同创新体系的构建涉及制度建设、平台建设、评价体系建设等方面，要加强区域协同机构的设置，建立信息交流与协调制度、建设利益共享与补偿制度，同时应构建多维度评价指标体系，从创新能力、协同能力、监督能力和环境支撑能力等方面评估协同创新的质量和水平。

第五，研究和总结了襄阳市区域经济发展现状，梳理襄阳构建区域中心城市的产业基础，规划了襄阳市构建区域中心城市的发展路径。襄阳市积极参与并密切合作的区域经济体主要包括"一主两翼"建设规划、"汉江生态经济带"战略、"襄十随神"城市群。在各区域经济联盟中，襄阳市都占据着经济发展中心城市地位，扮演着领头雁和领头羊的角色。无论是区位还是软实力，襄阳市在城市群中的优势地位都非常突出，经济实力对比显著，区域产业基础雄厚，培养了一批在国内市场具有一定影响力和竞争力的产业集群和成熟的产业体系。

第六，论述了空间集聚和区域协同对科技服务业发展的重要意义，研究了我国科技服务业三个重要的集聚区，并对襄阳市未来依托区域协同发展科技服务业提出了意见和建议。科技服务业集聚的因素主要来自政府和市场两个方面，其中政府主要作用在于统筹规划、合理布局、打破区域制度壁垒和引导区域发展重点，市场主要作用在于通过主体、要素和活动的市场化，充分发挥在资源配置中的决定性作用，促进科技服务业有效集聚。京津冀、大湾区和长三角是我国科技服务业重要的集聚区域，区域协同极大地提升了这些地区的科技创新能力和经济发展水平，这也给相关城市群科技服务业协同发展作出示范。

笔者工作单位湖北文理学院对项目的研究工作给予了大力支持和指导，襄阳市科学技术局、襄阳国家高新技术产业开发区管委会、襄阳市科技信息研究所等相关部门也给予了热情的支持和帮助，在此表示由衷感谢。

因笔者水平有限，本书所构建的科技服务与区域协同创新的框架体系还存在一定的不足之处，对某些问题的研究还不够深入，有待进一步完善，欢迎广大读者批评指正。

孙　艳

2022 年 2 月

# 目　录

第一章　科技服务业概述 ……………………………………… 1

　第一节　科技服务业界定 ……………………………………… 1

　　一、我国科技服务业统计口径 ……………………………… 1

　　二、科技服务业行业特点 …………………………………… 5

　第二节　我国科技服务业发展现状及趋势 …………………… 6

　　一、发展环境 ………………………………………………… 6

　　二、发展现状 ………………………………………………… 16

　　三、存在问题 ………………………………………………… 17

　　四、发展趋势 ………………………………………………… 19


第二章　襄阳市科技服务业发展现状 ………………………… 21

　第一节　襄阳市发展科技服务业的战略意义 ……………… 21

　　一、高质量发展的重要举措 ………………………………… 21

　　二、产业转型升级的必然要求 ……………………………… 22

　　三、充分发挥科技资源的有效手段 ………………………… 22

　　四、建设区域中心城市的有力保证 ………………………… 23

　第二节　襄阳市科技服务业发展总体情况 ………………… 24

　　一、科技服务业主体发展迅速 ……………………………… 24

　　二、科技活动活跃，经费投入力度加大 ………………… 25

　　三、科技服务机构体系建设初具规模 …………………… 27

　　四、产业发展环境持续优化 ……………………………… 28

　第三节　各领域发展情况 …………………………………… 29

　　一、重点领域 ……………………………………………… 29

　　二、重点企业 ……………………………………………… 45

　　三、重点项目 ……………………………………………… 62


第三章　襄阳市科技服务业发展规划 ……………………… 67

　第一节　总体思路与目标 …………………………………… 67

　　一、总体思路 ……………………………………………… 67

　　二、主要目标 ……………………………………………… 68

　　三、基本原则 ……………………………………………… 69

　第二节　规划实施 …………………………………………… 70

　　一、领先发展研发服务业 ………………………………… 70

　　二、重点发展科技推广服务业 …………………………… 72

　　三、打造专业检验检测服务业 …………………………… 75

　　四、提升科技普及与宣传服务业 ………………………… 76

　第三节　政策保障 …………………………………………… 77

　　一、协调政府部门功能，推动集聚共享战略 …………… 77

　　二、强化产业政策引导，优化产业发展环境 …………… 77

　　三、拓宽产业融资渠道，落实财税优惠政策 …………… 78

　　四、完善人才引进机制，加强人才队伍建设 …………… 79


第四章　区域经济协同创新机制 …………………………… 81

　第一节　相关概念及理论基础 ……………………………… 81

一、相关概念界定 ………………………………………………… 81

二、理论基础 ……………………………………………………… 84

第二节 区域经济协同创新体系的构建 ……………………… 88

一、区域经济协同创新制度建设 ……………………………… 88

二、区域经济协同创新平台建设 ……………………………… 90

三、区域经济协同创新评价体系建设 ………………………… 93

第三节 区域经济协同创新的经验借鉴 ……………………… 95

一、京津冀区域协同创新 ……………………………………… 95

二、粤港澳大湾区协同创新 …………………………………… 97

三、长江经济带区域协同创新 ………………………………… 98


第五章 襄阳市区域经济发展规划 ………………………… 101

第一节 汉江生态经济带战略 ………………………………… 102

一、汉江生态经济带城市群基本情况 ………………………… 103

二、襄阳市在汉江生态经济带中的地位和作用 ……………… 108

第二节 "襄十随神"城市群规划 …………………………… 108

一、"襄十随神"城市群基本情况 …………………………… 109

二、襄阳市在"襄十随神"城市群中的地位和作用 ………… 112

第三节 襄阳市构建区域中心城市的产业基础 …………… 112

一、区位和交通优势显著 ……………………………………… 113

二、区域经济实力突出 ………………………………………… 114

三、区域产业基础雄厚 ………………………………………… 117

第四节 襄阳市构建区域中心城市的路径选择 …………… 123

一、打造"万亿工业强市" …………………………………… 123

二、打造现代农业强市 ………………………………………… 124

三、打造现代服务业中心 ……………………………………… 125

四、建设汉江流域国家级生态文明试验区 …………………… 128

**第六章 科技服务业集聚与区域协同发展** ……………………… 129

第一节 科技服务业集聚的影响因素 ………………………… 129

一、政府引导 ……………………………………………… 130

二、市场引导 ……………………………………………… 133

第二节 科技服务业区域协同的经验借鉴 ………………… 135

一、京津冀科技服务业区域协同 ……………………… 136

二、粤港澳大湾区科技服务业区域协同 ……………… 138

三、长三角科技服务业区域协同 ……………………… 140

第三节 襄阳市科技服务业区域协同发展展望 ………… 141

一、协同强化基础研究服务能力 ……………………… 141

二、协同提升科技推广服务质量 ……………………… 143

三、协同发挥专业技术服务优势 ……………………… 144

四、协同构建和完善一体化机制体系 ………………… 145

**参考文献** ……………………………………………………… 146

# 第一章 科技服务业概述

科技服务业是指运用现代科技知识、现代技术和分析研究方法，以及经验、信息等要素向社会提供智力服务的新兴产业。伴随着信息技术和知识经济的发展，现代服务业使用现代化的新技术、新业态和新服务方式改造传统服务业，创造需求，引导消费，向社会提供高附加值、高层次、知识型的生产服务和生活服务。科技与经济融合程度不断加深，产业的不断分枝以及细化大大加速了科技服务业的发展，使其成为现代服务业的重要组成部分和推动产业结构升级优化的关键产业。促进科技服务业发展，对培育战略性新兴产业、加快转变经济发展方式、提高自主创新能力和建设创新型国家有重要意义。

## 第一节 科技服务业界定

### 一、我国科技服务业统计口径

2005 年我国设立了科技服务业统计，列入了《国民经济行业分类》中的 M 门类。

2007 年，国家《产业结构调整指导目录（2007 年本）》的鼓励类产业中，科技服务业的子产业包含以下方面：一是防伪技术开发和运用；二是国家级工程（技术）研究中心、国家工程实验室、国家认定的企业技术中心、重点实验室、高新技术创业服务中心、新产品开发设计中心、科研中试基地、实验基地建设；三是科学普及、技术推广、科技交流、科技评估与鉴证、技术咨询、工业设计、知识产权及气象、节能减排、环保、测绘、地震、海洋、技术监督等科技服务；四是科研支撑条件共建共享服务；五是商品质量认证和质量检测服务；六是产业公共技术服务平台建设。

2011 年国务院发布了《产业结构调整指导目录（2011 年本）》，科技服务业作为鼓励类的一项重要内容被重点提出。其服务领域涵盖专业科技服务、电信增值服务、数据挖掘服务、信息资源开发服务、新兴文化科技支撑技术建设及服务、技术咨询与研发服务、信息安全防护服务、科技成果评估和科技鉴证服务、知识产权和相关投融资服务、国家级工程（技术）研发中心建设、技术先进型服务等重点内容。

2018 年，依据《中华人民共和国统计法》《国务院关于加快科技服务业发展的若干意见》（国发〔2014〕49 号），国家统计局为科学界定科技服务业的统计范围，建立科技服务业统计调查制度，以《国民经济行业分类》（GB/T 4754—2017）为基础，制定了《国家科技服务业统计分类 (2018)》。该分类将科技服务业范围确定为科学研究与试验发展服务、专业化技术服务、科技推广及相关服务、科技信息服务、科技金融服务、科技普及和宣传教育服务、综合科技服务七大类。

科学研究与试验发展服务指科技创新平台、工程实验室、工程（技术）研究中心、大型科学仪器中心、分析测试中心、企业技术中心、新产品开发设计中心、科研中试基地、技术创新联盟等开展的服务活动。具体包括自然科学、工程、农业和医学研究，涉及自然科学研究和试验发展、工程和技术研究和试验发展、农业科学研究和试验发展（农学、林学、畜牧、兽医、水产学等农业科学领域中开展的科学技术研究和试验发展活动）、医学研究和试验发展（基础医学、临床医学、预防医学与卫生学、军事医学与特种医学、药学、中医学与中药学等医学领域中开展的科学技术研究与试验发展活动）；社会人文科学研究等。

专业化技术服务包括专业化技术公共服务，涉及气象服务、地震服务、海洋服务、测绘地理信息服务、环境与生态监测检测服务、地质勘查、规划设计服务；检验、检测、标准、认证和计量服务；工程技术服务，涉及工程管理服务、工程监理服务、工程勘察活动、工程设计活动；专业化设计服务，涉及工业设计服务和专业设计服务。

科技推广及相关服务包括科技推广与创业孵化服务，涉及技术推广服务、科技中介服务（为科技活动提供科技评估鉴定服务）、创业空间服务；知识产权服务，涉及知识产权的代理、转让、登记、鉴定、评估、认证、咨询、检索等；科技法律及相关服务，涉及科技法律服务（仅包括为科技活动提供的法律代理、法律援助等服务）、科技公证服务（仅包括为科技活动提供的契约、文件证明等公证服务）、其他科技法律服务（仅包括为科技活动提供的调解、仲裁等其他法律服务）。

科技信息服务包括信息传输科技服务，涉及固定电信科技服务、移动电信科技服务、其他电信科技服务、有线广播电视传输科技服务、无线广播电视传输科技服务、卫星传输科技服务；互联网技术服务，涉及互联网接入及相关服务、互联网信息科技服务（仅包括为科技活动提供的互联网在线信息、电子邮箱、数据检索）、互联网平台、互联网安全服务、互联网数据服务、其他互联网服务；软件和信息技术服务，涉及软件开发、信息系统集成服务、物联网技术服务、运行维护服务、信息技术咨询服务、信息处理和存储支持服务、集成电路设计、其他未列明信息技术服务业。

科技金融服务包括货币金融科技服务，涉及货币银行科技服务（各类银行为科技活动提供的存款、贷款和信用卡等货币媒介服务）、融资租赁科技服务、财务公司科技服务、汽车金融公司科技服务、小额贷款科技服务、消费金融公司科技服务、网络借贷科技服务、其他非货币银行科技服务（为科技活动提供的融资、抵押等非货币银行的服务）、银行理财科技服务；资本投资科技服务，仅包括为科技活动提供的证券投资机构自营投资、直接投资活动和其他投资活动等；保险科技服务，涉及财产保险科技服务（仅包括为科技活动提供的财产保险、责任保险、保证保险、信用保险等）、保险公估科技服务、保险资产管理科技服务、其他保险科技服务；其他科技金融服务，涉及金融信托与管理科技服务、控股公司科技服务、非金融机构支付科技服务（仅包括非金融机构为科技活动提供的网络支付、第三方支付、预付卡的发行与受理等）、金融资产管理科技服务、其他未列明科技金融服务（仅包括为科技活动提供的外汇交易、黄金交易等金融服务）。

科技普及和宣传教育服务包括科普服务，涉及图书馆科普服务（仅包括为科技活动和科普宣传等提供的图书管理、文献检索等服务）、档案馆科普服务（仅包括为科技活动和科普宣传等提供的档案管理服务）、博物馆科普服务（仅包括为科技活动和科普宣传等提供的收藏、研究、展示以及文献查询检索等服务）和其他科技推广服务业；科技出版服务，仅包括为科技活动和科普宣传等提供的图书、报纸、期刊、音像制品、电子出版物等出版服务；科技教育服务，涉及普通高校科技教育服务（仅包括为科技活动提供的高等教育服务）。

综合科技服务包括科技管理服务，涉及科学技术政府管理服务（仅包括中央和地方人民政府为科技活动提供的综合事务管理服务）、科学技术社会组织服务（仅包括专业性团体、行业性团体等开展的科学研究试验发展活动，以及为科技活动提供的有关服务）、科技企业管理服务；科技咨询与调查服务，涉及会计、审计及税务科技服务，市场调查科技服务，环保咨询，专业咨询科技服务；信用担保科技服务，涉及信用科技服务（仅包括为科技活动提供的信用信息采集、整理、加工等服务）、非融资担保科技服务、融资担保科技服务；职业中介科技服务，仅包括为科技活动提供的职位寻找、选择、介绍、能力测评、人力资源管理咨询等职业中介服务；其他综合科技服务，涉及租赁科技服务（仅包括为科技活动提供的医疗设备经营租赁、公共实验室租赁等服务）、广告科技服务（仅包括为科技活动提供的广告制作、发布、代理等服务）、科技会展服务、包装科技服务（仅包括为科技活动提供的专业包装、实验材料包装处理等服务）、办公科技服务（仅包括为科技活动提供的翻译、商务文印、电脑制版印刷等办公服务）、其他未列明综合科技服务（仅包括为科技活动提供的机构商务代理服务、公司礼仪服务、大型活动组织服务等）。

## 二、科技服务业行业特点

一是人才智力密集。科技服务业是典型的知识型服务业，以从业人员的专业知识和专业技术为交易主体，面向社会提供专业服务或综合服务。因此，该领域对从业人员的知识结构要求较高，产业关系门槛较高，只有具备较强综合素质和专业技能的人才能胜任。通常情况下，从事科技服务业的人员主要由高学历和经验丰富的专业人才组成，他们相对集中于科学研究院、工程技术研发中心、科技成果转化机构、技术咨询和推广机构等，对科学技术成果的外溢和传播起到了促进作用。

二是科技含量高。无论是以提供基础技术服务（包括生产设备的技术改造、生产信息、产品检验检测、质量认证等）为主的基础性科技服务领域，还是以研发、设计等创新活动为主的创新性科技服务领域，都是以高科技产物为服务对象，科技服务业发展的第一要素是知识要素，其发展程度是一国科学技术发展水平的重要体现。发展科技服务业是我国走新型工业化道路、实现投资驱动型和创新驱动型经济、实施可持续发展战略、满足国民经济发展质量的有力支撑。

三是产业附加值大。从性质上说，科技服务业是知识经济的重要组成部分。它的投入主要不是物质资本，而是高质量的人力资本和知识产权；它的生产过程是资源节约和生态友好的，不产生有害物质；它的产出位于价值链的高端环节，具有很高的附加值。科技服务业具有"三高一低"（高人力资源含量、高知识含量、高附加值和低碳）的特点。

四是辐射带动作用强。科技服务业的发展不仅对服务业本身，而且对提升第一产业和第二产业的竞争力、改善我国投资环境都能发挥重要的推动作用。科技服务业高知识储备，通过技术传播和渗透的方式实现与农业的融合，加速我国生态农业、科技农业和创意农业的现代农业建设，促进农业可持续发展；与制造业融合，提高制造业科技含量和研发水平，为我国走新型工业化发展道路创造条件；与传统服务业融合，提升信息服务、金融服务、商务服务、流通服务等领域的服务质量，打造我国新的经济增长点。同时，科技服务业的巨大引领能力和辐射带动效用还体现在对区域经济发展和区域产业协同创新的促进作用上，科技服务业有力推动区域经济走上依靠科技进步的快速发展轨道。

# 第二节　我国科技服务业发展现状及趋势

## 一、发展环境

### （一）政策环境

随着国家中长期科技规划的全面启动，全社会创新投入持续增长，企业创新能力不断提升，经济发展和产业建设将对科技服务业提出更多需求。科技服务机构规模迅速扩大的同时，社会关系日趋复杂，与科技服务业相关的政策、法律法规逐步出台，其反映了国家对科技服务业的鼓励和支持态度，为我国科技服务业的发展和科技服务机构的完备提供了重要的支持。结合各省份现代服务业发展实际水平，统筹布局，地方政府相继出台具有地方特色的科技服务业发展规划。

**1. 配套政策相继出台**

2011年，国家发展和改革委员会颁布的《产业结构调整指导目录（2011年本）》将科技服务业纳入鼓励类产业；2011年3月，《中华人民共和国国民经济和社会发展第十二个五年规划纲要》明确了"十二五"时期是全面建设小康社会的关键时期，是深化改革开放、加快转变经济发展方式的攻坚时期。2012年12月，《国务院关于印发服务业发展"十二五"规划的通知》（国发〔2012〕62号）明确指出，将科技服务业作为生产性服务业的重点发展领域。"十二五"时期，科技服务业社会化、专业化水平明显提高，产业实力明显增强，培育了一批创新能力强、服务水平高、带动作用大的科技服务企业，形成一批特色鲜明、优势突出的科技服务产业基地和集聚区，科技在促进经济发展和创新型国家建设中的支撑能力明显增强。

2014年10月，《国务院关于加快科技服务业发展的若干意见》（国发〔2014〕49号）发布，文件指出，加快科技服务业发展，是推动科技创新和科技成果转化、促进科技经济深度融合的客观要求，是调整优化产业结构、培育新经济增长点的重要举措，是实现科技创新引领产业升级、推动经济向中高端水平迈进的关键一环，对于深入实施创新驱动发展战略、推动经济提质增效升级具有重要意义。该文件提出了一系列加快科技服务业发展的措施，包括健全市场机制、强化基础支撑、加大财税支持、拓宽资金渠道、加强人才培养、深化开放合作、推动示范效应，力争建立健全覆盖科技创新全链条的科技服务体系。

2018 年 5 月，为了深入落实《国家技术转移体系建设方案》，加快发展技术市场，健全技术转移机制，促进科技成果资本化和产业化，科技部制定了《关于技术市场发展的若干意见》。该文件指出，到 2025 年，统一开放、功能完善、体制健全的技术市场进一步发展壮大，技术创新市场导向机制更趋完善，市场配置创新资源的决定性作用充分显现，技术市场对现代化产业体系发展的促进作用显著增强，为国家创新能力提升和迈入创新型国家前列提供有力支撑。

"十四五"时期是我国全面建成小康社会、实现第一个百年奋斗目标之后，乘势而上开启全面建设社会主义现代化国家新征程、向第二个百年奋斗目标进军的第一个五年。中共中央在《中华人民共和国国民经济和社会发展第十四个五年规划和 2035 年远景目标纲要》中明确指出：坚持创新在我国现代化建设全局中的核心地位，把科技自立自强作为国家发展的战略支撑，面向世界科技前沿、面向经济主战场、面向国家重大需求、面向人民生命健康，深入实施科教兴国战略、人才强国战略、创新驱动发展战略，完善国家创新体系，加快建设科技强国；推动生产性服务业向专业化和价值链高端延伸，加快发展研发设计、工业设计等服务，推动现代服务业与先进制造业、现代农业深度融合；推动生活性服务业向高品质和多样化升级，加快发展健康、养老、托育、文化、旅游、体育、物业等服务业，加强公益性、基础性服务业供给。

### 2. 合理布局协调发展

近几年，部分省份积极响应国家的号召，纷纷出台相关政策鼓励科技服务业的发展。中央政治局审议通过的《京津冀协同发展规划纲要》明确城市功能定位，坚持和强化首都全国政治中心、文化中心、国际交往中心、科技创新中心的核心功能。在该文件的指导下，京津冀科技服务业快速发展。

以上海、江苏与浙江等省市为代表的华东地区出台了一系列法规、政策为科技服务业的持续性发展提供保障，主要是通过推进科学技术市场的发展和各种形式科研机制的运行、重视科技服务与知识产权的地位、加快高新技术产业化与成果转化进程、鼓励科技创新与技术研发、建设科技融资体系。华东地区通过优化创业环境来促进科技创新，政府重视科普事业的发展，建立科普协会与科普场馆，举办国际科技交流大会，强化与国外的合作与交流。

在以广东、福建等省为代表的华南地区，政府发展高新技术中介机构，建立科技咨询平台，重点扶持科技服务机构。为提高地区整体科研能力，教育部同地方政府共同设定了开展学研合作的机制与途径，积极帮助各级人员提高科技创新能力，并融资支持中小型科技企业生存与发展，为科技服务业提供良好的融资环境。广东省科技服务机构产生于20世纪80年代，广东省政府先后出台了一系列扶持企业技术创新和科技服务机构发展的法律法规和政策措施，为科技服务业的发展提供了重要的法律支持。2010年，为更好促进和加快科技服务业发展，广东省制定了促进科技服务业发展专项计划，重点支持科技服务业发展、政策法规制定、环境建设和科技服务机构能力建设。

在以湖北、湖南与重庆等省市为代表的华中地区，科技服务业发展初步形成体系，具有比较大的发展潜力，在国民经济中的地位也不断提升。湖北省的科研设备开放程度在80％以上，该省拥有超过1000个有效创业投资部门与技术创新服务中心。华中地区投入大量的资金与设备创办科研机构、培养科研人员，将科技服务业机构分为两种，一种是进行科学研究与技术开发工作的机构，包括实验室、技术研究中心、企业技术中心等，另一种是进行技术交流的服务中心，如科技生产基地、生产力提高中心等。

## （二）经济环境

### 1. 综合国力提升，经济运行平稳

经过"十三五"时期的发展，我国经济实力、科技实力、综合国力跃上新的台阶，经济运行总体平稳，经济结构持续优化，经济社会发展取得了全方位、开创性历史成就。经济的蓬勃发展为科技服务业发展奠定了坚实的物质基础和强大的发展需求。

国家统计局发布的《中华人民共和国 2020 年国民经济和社会发展统计公报》显示，"十三五"时期，我国国内生产总值年均名义增量达 6.5 万亿元，比"十二五"时期多 1.0 万亿元。居民收入与经济增长基本同步，"十三五"时期，全国居民人均可支配收入年均名义增长 2045 元，比"十二五"时期多增 156 元。国内生产总值在 2016—2019 年保持了 6.7% 的年均增速，2019 年国内生产总值达到 99.1 万亿元，占全球经济比重达 16%，对世界经济增长的贡献率 30% 左右，人均国内生产总值突破 1 万美元。在新冠感染疫情冲击下，2020 年我国经济总量突破 100 万亿元大关，成为 2020 年全球唯一实现经济正增长的主要经济体，除批发和零售业、住宿和餐饮业、租赁和商务服务业外，其他行业均实现正增长。

根据《中华人民共和国 2021 年国民经济和社会发展统计公报》，2021 年全年国内生产总值 1143670 亿元，比上年增长 8.1%，两年平均增长 5.1%。其中，第一产业增加值 83086 亿元，比上年增长 7.1%；第二产业增加值 450904 亿元，增长 8.2%；第三产业增加值 609680 亿元，增长 8.2%。第一产业增加值占国内生产总值比重为 7.3%，第二产业增加值占国内生产总值比重为 39.4%，第三产业增加值占国内生产总值比重为 53.3%。全年最终消费支出拉动国内生产总值增长 5.3 个百分点，资本形成总额拉动国内生产总值增长 1.1 个百分点，货物和服务净出口拉动国内生产总值增长 1.7 个百分点。全年人均国内生产总值 80976 元，比上年增

长 8.0%。国民总收入 1133518 亿元,比上年增长 7.9%。全员劳动生产率为 146380 元/人,比上年提高 8.7%。

**2. 经济结构优化,新兴产业升级**

2018 年年末,我国规模以上高技术和装备制造业企业法人单位分别为 3.4 万个和 13.3 万个,比 2013 年年末分别增长 24.8% 和 12.2%;资产总计增长幅度均在 50% 以上,营业收入占规模以上制造业营业收入比重分别比 2013 年提高 4.0 个和 4.5 个百分点。劳动力和资金向高技术产业和装备制造业等先进制造业的转移步伐加快。2018 年年末,高技术和装备制造业从业人员占规模以上制造业从业人员的比重比 2013 年提高 3 ~ 5 个百分点,资产总计占比提高 6 ~ 7 个百分点。战略性新兴产业积聚壮大,成为制造业发展新引擎。[1]

近年来,我国新产业、新业态、新商业模式的"三新"经济成长迅速。为全面监测新兴经济发展变动情况,国家统计局于 2018 年开始测算和发布"三新"经济增加值和经济发展新动能指数。从 2015 年到 2019 年,"三新"经济增加值占 GDP(国内生产总值)的比重由 14.8% 提高到 16.3%。虽然目前"三新"经济增加值的比重还不高,但其发展势头旺盛,一定程度上弥补了传统动能减弱带来的影响,对经济平稳运行发挥了重要作用。经济发展新动能指数则显示,若设 2014 年中国经济发展新动能指数为 100,2015—2019 年中国经济发展新动能指数分别为 123.5、156.7、210.1、270.3 和 332.0,持续较快增长。其中,经济活力、创新驱动、网络经济、转型升级和知识能力五个分类指数基本实现了不同程度提高。

《中华人民共和国 2021 年国民经济和社会发展统计公报》显示,2021 年,"三新"经济加速发展,全年规模以上工业中,高技术制造业增加值比上年增长 18.2%,占规模以上工业增加值的比重为 15.1%;装备制

---

① 鲜祖德. 中国制造业迈向中高端 [EB/OL]. (2020 – 01 – 03) [2022 – 11 – 29]. http://finance. people. com. cn/n1/2020/0103/c1004 – 31533883. html.

造业增加值增长 12.9%，占规模以上工业增加值的比重为 32.4%。全年规模以上服务业中，战略性新兴服务业企业营业收入比上年增长 16.0%。全年高技术产业投资比上年增长 17.1%。全年新能源汽车产量 367.7 万辆，比上年增长 152.5%；集成电路产量 3594.3 亿块，增长 37.5%。全年网上零售额 130884 亿元，按可比口径计算，比上年增长 14.1%。全年新登记市场主体 2887 万户，日均新登记企业 2.5 万户，年末市场主体总数达1.5 亿户。

### 3. 科研经费支持力度加大

全社会研发经费投入是一个国家和地区科技投入的重要构成，是衡量科技投入的重要指标，也是观察和分析科技发展实力和竞争力的重要指标。我国研发经费继 2010 年超过德国之后，2013 年又超过日本，我国成为仅次于美国的世界第二大科研经费投入国家。2017 年，科学技术部印发的《"十三五"国家科技人才发展规划》指出，健全多元人才投入机制，我国研究与发展（R&D）人员年人均研发经费由 2014 年的 37 万元/年提升到 2020 年的 50 万元/年，与发达国家之间的差距进一步缩小，2011—2021 年我国研发经费支出如表 1-1 所示。提高人才投资效益，人才使用效能获得较大提升。

表 1-1 　　　　　2011—2021 年我国研发经费支出

| 年份<br>项目 | 2011 | 2012 | 2013 | 2014 | 2015 | 2016 | 2017 | 2018 | 2019 | 2020 | 2021 |
|---|---|---|---|---|---|---|---|---|---|---|---|
| R&D 经费<br>（亿元） | 8687 | 10298.4 | 11846.6 | 13015.6 | 14169.9 | 15676.7 | 17606.1 | 19677.9 | 22143.6 | 24393.1 | 27956.3 |
| 增长率<br>（%） | 23 | 18.5 | 15 | 9.9 | 8.9 | 10.6 | 12.3 | 11.8 | 12.5 | 10.2 | 14.6 |
| 占 GDP<br>比重（%） | 1.84 | 1.98 | 2.08 | 2.05 | 2.07 | 2.11 | 2.13 | 2.19 | 2.23 | 2.4 | 2.44 |

数据来源：国家统计局全国科技经费投入统计公报数据。

"十三五"时期，全员劳动生产率和科技进步贡献率稳步提高，通过《专利合作条约》（PCT）提交国际专利申请量跃居世界第一，载人航天、探月工程、超级计算、量子通信等领域取得一大批重大科技成果。每万人口发明专利拥有量目标已经提前实现，科技进步贡献率在 2018 年时达到 58.5%。

《中华人民共和国国民经济和社会发展第十四个五年规划和 2035 年远景目标纲要》明确提出，"十四五"时期经济社会发展主要目标包括创新能力显著提升，全社会研发经费投入年均增长 7% 以上、力争投入强度高于"十三五"时期实际。研发投入的持续增长，既与国家的重视有关，也是技术创新能力发展到"三跑并存"阶段的必然要求。下一步要瞄准世界科技前沿，强化基础研究，实现前瞻性基础研究、引领性原创成果重大突破。

## （三）技术环境

### 1. 完善的技术市场政策体系

技术市场是促进科技成果迅速转化为生产力的中间平台，是推动科技成果商品化、高新技术产业化的主要渠道。技术市场的成熟促进了技术所有权人和技术使用方的良性竞争，分散了技术在研发、市场开发和工业生产中的风险，降低了技术转移的交易成本。加强技术市场建设，是国家和地方科技创新体系的重要组成部分，在新时期肩负着统筹配置科技创新资源、健全技术创新市场导向机制、促进技术转移和成果转化的重要使命。

1993 年 7 月，我国第一部指导科技进步与发展的基本法律《中华人民共和国科学技术进步法》颁布实施，其中第十二条明确指出"国家建立和发展技术市场，推动科学技术成果的商品化"。这标志着我国技术市场体系初步建立，法律保障体系初步形成。技术市场成交额逐年上升，技术市场成为科技与经济结合的纽带。2006年2月，国务院发布《国家中长期科学与技术发展规划纲要（2006—2020年)》，指出要完善技术转移机制，促进企业之间、企业与高等院校和科研院所之间的知识流动和技术转移，全面推进中国特色国家创新体系建设。

2014年10月，《国务院关于加快科技服务业发展的若干意见》（国发〔2014〕49号）发布，该文件指出，发展多层次的技术（产权）交易市场体系，支持技术交易机构探索基于互联网的在线技术交易模式，推动技术交易市场做大做强。2017年6月，《科技部关于印发"十三五"技术市场发展专项规划的通知》（国科发火〔2017〕157号）发布，明确"十三五"时期技术市场的重点任务是进一步完善政策体系，加强技术市场配置技术、资本、人才等要素的能力，健全技术转移和成果转化机制，强化技术转移和成果转化市场化服务，通过实施促进科技成果转移转化行动，全面推进全国技术转移一体化建设，形成全国技术市场大流通格局，有力支撑科技创新与经济社会发展。

2020年4月，《中共中央 国务院关于构建更加完善的要素市场化配置体制机制的意见》发布，从顶层设计出发，把技术要素作为与土地、劳动力、资本、数据并列的五大要素之一，强调从健全职务科技成果产权制度、完善科技创新资源配置方式、培育发展技术转移机构和技术经理人、促进技术要素与资本要素融合发展、支持国际科技创新合作五个方面加快发展技术要素市场。随着相关政策的出台，我国技术市场发展环境不断优化，技术市场规模稳步扩大、交易模式不断创新、服务体系更加完善，技术市场服务效能不断提升、配置科技资源能力逐步增强。

**2. 技术交易规模发展迅速**

自1984年我国开放技术市场以来，我国技术市场规模迅速扩大，技术合同项数和成交额保持稳步增长，为促进科技与经济紧密结合，发挥科技第一生产力作用做出了重要贡献（见表1-2）。

表 1－2            2011—2020 年全国技术交易情况

| 年份 | 技术合同项数（项） | 技术合同成交额（亿元） | 技术合同成交额增长率（%） | 平均每项成交额（万元） | 占 R&D 比重（%） | 占 GDP 比重（%） |
|---|---|---|---|---|---|---|
| 2011 | 256428 | 4764 | 21.9 | 186 | 54.8 | 1.01 |
| 2012 | 282242 | 6437 | 35.1 | 228 | 62.5 | 1.24 |
| 2013 | 294929 | 7469 | 16.0 | 253 | 63.0 | 1.31 |
| 2014 | 297037 | 8577 | 14.8 | 289 | 65.8 | 1.35 |
| 2015 | 307132 | 9835 | 14.7 | 320 | 69.4 | 1.43 |
| 2016 | 320437 | 11407 | 16.0 | 356 | 72.8 | 1.53 |
| 2017 | 367586 | 13424 | 17.7 | 365 | 76.2 | 1.62 |
| 2018 | 411985 | 17697 | 31.8 | 430 | 89.9 | 1.97 |
| 2019 | 484077 | 22398 | 26.6 | 463 | 101.1 | 2.26 |
| 2020 | 549353 | 28252 | 26.1 | 514 | 115.7 | 2.78 |

数据来源：国家统计局数据。

1984 年开始登记技术合同时，成交额是 7 亿元，到 2020 年成交额达到 28252 亿元，仅从数据上看，37 年来成交额增长了 4000 多倍。同时，技术合同成交额增幅稳定，在 2012 年和 2018 年增速超过 30%，分别为 35.1% 和 31.8%。全国技术市场成交额占 GDP 的比重不断提升，由 1988 年的 0.47% 提高到 2020 年的 2.78%，技术市场规模的增长速度总体上高于 GDP 平均增长速度。

从地理分布来看，2020 年，全国技术合同认定登记成交金额居前十位的省市依次为北京、广东、江苏、山东、上海、陕西、湖北、浙江、四川和天津。其中，前三位的省市分别比上年增长 10.9%、52.5% 和 39.4%，保持了领先地位。广东、江苏、山东、浙江等省具有较高的技术研发能力，技术输出交易额居全国前列，技术吸纳更是高于技术供给，具有较高的科技成果转化能力。2020 年，广东省吸纳技术合同成交额 4306.7 亿元，技术净流入超过 1000 亿元；江苏省、山东省吸纳技术合同成交额超过

2000 亿元，技术净流入超过 100 亿元。北京、陕西、天津、上海是技术净输出大省（市），其中北京市技术净输出达到 3187.6 亿元，陕西省为 817.6 亿元，天津市和上海市超过 400 亿元。

从交易主体来看，企业是技术交易的主体，我国拥有高新技术企业超过 18 万家，科技型中小企业超过 13 万家，输出了超过 32 万项技术，成交额占总额的 90% 以上。科研机构和高等院校也是技术交易的重要组成部分。

## 二、发展现状

### （一）总体情况

随着我国经济增长方式从要素驱动迈向创新驱动，技术市场服务体系快速发展，促进了研究开发、检验检测、创业孵化、知识产权、科技金融等专业化服务不断发展，科技实力取得了重大提升，科技服务业态逐步形成，产业规模不断壮大。科技服务业 2010 年以来得到了快速发展，2018 年年末，全国从事高技术服务业的企业法人单位 216.0 万户，从业人员 2063.2 万人，分别比 2013 年年末增长了 271.9% 和 77.8%。主体规模增长的同时，科技服务业不断涌现出新模式、新业态、新业务，技术市场日益活跃，2019 年我国技术市场成交额达到了 2.23 万亿元，GDP 占比约为 2.3%。据统计，2020 年前 11 个月，规模以上科技服务业营业收入增长 11 个百分点，高于全部规模以上服务业营业收入增长 9.4 个百分点。①

科技服务业的发展支撑了科技创新，而科技的进步与变革同样改变了各创新要素的流动方式，对科技服务的需求也发生了变化，促使科技服务业的新兴业态不断涌现，服务内容逐渐高端化、专业化、精细化，"一站

---

① 科技服务市场分析 科技服务行业发展现状［EB/OL］.（2022－02－01）［2022－12－05］. http://www.chinairn.com/hyzn/20220201/112440815.shtml.

式、一条龙"线下线上相结合的服务模式成为主流。

### （二）科技服务机构不断增加

"十二五"时期，科技服务机构数量和类型不断增加，机构参与技术交易活动的能力逐渐增强。截至 2015 年年末，全国已有国家技术转移示范机构 453 家，区域性、行业性技术转移联盟 30 余个，以挖掘企业需求为核心的跨区域技术转移协作网络——中国创新驿站站点 91 家，技术（产权）交易机构 30 多家，技术交易服务平台 10 余个，技术市场管理与技术转移从业人员 50 余万名。[①]

《中华人民共和国 2020 年国民经济和社会发展统计公报》显示，"十三五"时期，国家技术转移区域中心建设持续推进。2020 年全年国家科技重大专项共安排 198 个项目（课题），国家自然科学基金共资助 4.57 万个项目。截至 2020 年年末，正在运行的国家重点实验室 522 个，国家工程研究中心（国家工程实验室）350 个，国家企业技术中心 1636 家，大众创业万众创新示范基地 212 家。国家级科技企业孵化器 1173 家，国家备案众创空间 2386 家。2020 年全年授予专利权 363.9 万件，比上年增长 40.4%；PCT 专利申请受理量 7.2 万件。截至 2020 年年末，有效专利 1219.3 万件，其中境内有效发明专利 221.3 万件。2020 年全年商标注册 576.1 万件，比上年下降 10.1%；全年共签订技术合同 55 万项，技术合同成交金额 28252 亿元，比上年增长 26.1%。

## 三、存在问题

虽然科技服务业整体上看实现了显著进步，但相比于其他产业，科技

---

① 科技部关于印发"十三五"技术市场发展专项规划的通知 [Z/OL]．（2018－06－25）[2022－12－05]．http：//www.chinatorch.gov.cn/kjb/fgwj/201806/d8e1180e9dad44ef99fa723fb016da9d.shtml.

服务产业起步晚、涉及面广，而且"横向"交叉特点突出，难以形成抓手，导致在服务结构、人才积淀等方面存在一系列问题。

## （一）体制机制尚未健全

科技服务业缺乏明确的法律及行业规范，对权利责任、运营模式、保障措施等没有明确的规定，对市场整体把握能力偏弱，导致服务供给未能适应需求变化，制约了科技服务业的可持续健康发展。尽管《国务院关于加快科技服务业发展的若干意见》（国发〔2014〕49号）、《国家科技服务业统计分类（2018)》明确提出并规范了我国科技服务业服务功能的分类标准及统计口径，但无论是从国家层面还是地方层面，对科技服务业的统计多数只涉及研究和试验发展、专业技术服务业、科技推广和应用服务业三个服务功能，难以准确全面反映我国科技服务业发展的真实情况。

## （二）行业内部发展不均衡

从科技服务业产业链布局看，科技服务业企业科技服务同质化现象较为严重，缺乏核心技术、自主品牌以及骨干、龙头型科技服务机构，更为重要的是，许多行业、地区缺少全链条的科技服务业支撑。各地竞相打造金融中心、生产力促进中心、科技服务中心等，本意虽好，但是造成科技服务平台重复建设，难以发挥各区域的比较优势，科技服务业难以实现跨区域协同发展，导致适应新时期产业发展需求的高层次科技服务供应不足。

## （三）专业化从业人员和配套支持不够

由于实际工作需要，科技服务业从业人员往往需要具备多学科复合背景，而目前我国尚未系统构建专业化、复合型科技服务业人才的培养体系，不足以适应科技服务业发展要求。相关认定评价、准入、监管体系尚未健全，职业发展通路不明晰。政府部门对科技服务业的定位和认识不够准确，往往只关注科技服务业服务属性，而忽视其效益属性，将科技服务业当作不创造新价值的非产出部门。同时，科技服务业的经营主体多为中小微企业，其面临着融资难、融资贵的困境。

## 四、发展趋势

### （一）跨界融合发展，推动制造业服务化

随着技术的不断进步和科技创新需求的多样化，科技创新服务链条不断细化、分解，各创新要素快速重构。科技服务企业通过整合跨行业资源，正在向社会提供更加专业化的第三方服务，形成针对健康、教育、能源、环保等垂直领域的专业科技咨询公司和技术服务公司。信息技术向生产、消费领域渗透的广度和深度增强，促使生产、消费、服务和流通进一步一体化，制造业服务化的趋势更加明显。

### （二）规划布局加强，示范应用显著提升

科技服务业区域和行业试点示范效应逐步显现，例如，北京的中关村、天津的滨海新区、上海的北高新（南通）科技城等，可利用各自的区位优势和产业创新态势，并通过资源整合、融合、兼并、重组等措施，全力推动重点行业的科技服务，尤其是围绕战略性新兴产业和现代制造业的创新需求，建设公共科技服务平台，打造具有国际竞争力的科技服务业集聚区，推动我国创新能力以及整体竞争力不断提升。

### （三）专业化和集成化趋势突出

一方面，科技服务不断向专业化方向发展，第三方趋势越来越明显。近年来，在移动互联、生物医药、节能环保和新材料领域，在研发设计、

技术转移、创业孵化、知识产权等服务环节出现了一大批专业的新型研发组织和机构，其通过整合行业资源，构建专业服务团队，向社会提供专业化的第三方服务；另一方面，集成化服务模式是科技服务业发展的重要形态。当前，我国科技服务向整个"创新链"拓展，从技术咨询、技术转移、信息服务等单一服务发展到技术熟化、创新创业等综合性服务。一部分综合实力较强的科技服务机构围绕产业集群开展研发外包、产品设计、技术咨询、技术交易、成果转化、创业孵化、科技金融等综合服务，为区域经济与科技发展提供集成化的"一站式服务"。

（四）新技术助力线上线下服务相结合

随着云计算、物联网、大数据等新技术在科技服务领域应用的不断深入，科技服务机构的服务半径不断增大，提高了服务的效率和专业化水平，形成众包与众筹、社交化、移动化、数据化、平台化等新的服务模式，涌现出一批科技服务新型业态。科技服务机构将一部分通用型服务模块化并在线上提供，在线下提供深度个性化服务，满足不同类型客户群体的需要。利用互联网开展服务成为科技服务机构的必然选择，线上服务和线下服务相结合成为未来科技服务业发展的必然趋势。

# 第二章　襄阳市科技服务业发展现状

## 第一节　襄阳市发展科技服务业的战略意义

### 一、高质量发展的重要举措

襄阳市是湖北省第二大城市，也是中西部地区第一个建成的省域副中心城市。2021 年，襄阳市经济总量达到 5309.43 亿元，连续 5 年稳居全省第二位，连续 4 年位列全国城市 50 强；高新区综合实力跃居国家级高新区第 29 位，枣阳连续 6 年位列全国县域经济百强，纳入全省考核的 7 个县（市、区）连续 4 年获评"全省县域经济工作成绩突出单位"。[①] 襄阳市成为国家确定的中部地区重点城市、汉江流域中心城市和省域副中心城市，被省委、省政府赋予引领"襄十随神"城市群协同发展的重任，在全省乃至全国的战略地位突出。

作为湖北省科技资源密集城市，襄阳市实施创新驱动发展战略，全面

---

[①]　5309 亿元！2021 年襄阳经济总量跻身全国城市 GDP "5000 亿俱乐部" [EB/OL]. (2022 – 01 – 24) [2022 – 12 – 05]. https://www.sohu.com/a/518794797_121106908.

提升科技服务业发展，争创国家检验检测认证公共服务平台示范区，奋力打造具有重要影响力的区域性科技创新中心，塑造引领"襄十随神"城市群创新发展新优势，高标准建设"一核三城"创新主平台，大力度实施创新策源、双链融合、人才引领、要素聚合、协同创新五大工程。大力发展科技服务业，坚持把创新驱动发展作为高质量发展的关键举措。

## 二、产业转型升级的必然要求

加快转变经济发展方式，坚持工业化、信息化、现代化同步发展，激发市场主体潜能，增强创新发展的动力，构建现代产业发展体系，培育开放型经济发展优势，产业转型升级的落实需要科技服务业的支撑与引领。随着战略性新兴产业的突破性发展，襄阳市规模以上高技术制造业增加值年均增长13%左右，襄阳市成为国家产业转型升级示范区和国家工业资源综合利用基地，谷城经济开发区成为国家绿色产业示范基地。

2021年，襄阳市汽车及零部件产业产值同比增长23%，装备制造、新能源新材料、电子信息等产业产值增幅分别达到28.4%、28.8%、29.3%；工业技改投资同比增长75.3%，高于全省平均水平37.4个百分点。[①] 与此同时，襄阳市较为落后的科技服务业在一定程度上制约了高新技术产业发展，影响了产业转型的进程。只有大力发展科技服务业，才能更加有效支撑高新技术产业的发展和地方经济的转型升级。

## 三、充分发挥科技资源的有效手段

区域性科技创新中心的建设，为充分发挥襄阳市的科技资源、实

---

① 襄阳市人民政府办公室. 2022 年襄阳市政府工作报告 [Z/OL]. (2022 - 02 - 07) [2022 - 12 - 19]. http：//xxgk. xiangyang. gov. cn/szf/zfxxgk/fdzdgknr/qtzdgknr/zfgzbg/202202/t20220207_2708912. shtml.

现科技与经济融合提供了平台和渠道。襄阳市是我国重要的汽车制造业基地、中国织造名城，国家军民融合产业示范基地、首批新能源汽车推广应用城市、国家公共领域节能与新能源汽车示范推广试点城市等，已形成以汽车及零部件产业为龙头，以农产品加工、现代装备制造、新能源汽车、新能源新材料、电子信息、医药化工等产业为主导的产业体系。在高新技术产业加快发展的过程中仍存在一些问题，如科技成果转化率低、应用技术相对薄弱等。科技服务业为自主创新提供全程服务，在促进创新要素配置中发挥着对接和催化的作用，只有大力发展科技服务业，才能有效解决高新技术领域科技优势和产业发展不匹配的矛盾。

## 四、建设区域中心城市的有力保证

2018 年 11 月 12 日，国家发展和改革委员会正式印发了《汉江生态经济带发展规划》，为增强汉江流域经济发展动力、统筹推进"五位一体"总体布局和协调推进"四个全面"战略布局、加快生态文明体制改革和产业结构优化升级提供有力支撑，这也标志着汉江生态经济带开放开发已正式成为国家重要区域发展战略。2021 年《湖北省国民经济和社会发展第十四个五年规划和二〇三五年远景目标纲要》提出建设"襄十随神"城市群，推动中部地区加快崛起。在区域中心城市的建设上，襄阳市有着独一无二的优势，悠久的古城文化、便利的交通地位、良好的绿色环境，促使襄阳市近年来快速发展。但要想将襄阳市建设成有产业带动力和经济影响力的区域中心城市，必须更加充分地挖掘和发挥产业优势，形成引领区域经济开放开发、推动城市合作共赢圈建设、推动襄阳市建设区域中心城市和流域内经济协调发展新格局。现代科技服务业的发展是襄阳市建设区域中心城市、促进区域协同创新的有效手段。

# 第二节　襄阳市科技服务业发展总体情况

## 一、科技服务业主体发展迅速

近年来，襄阳市全面实施创新驱动发展战略，推动技术交易市场建设，加快科技成果转化，促进科技金融和科技咨询等领域发展，科技服务业增加值保持稳定增长，发展规模持续扩大，襄阳市充分发挥了科技服务业在支撑科技创新、推动战略性新兴产业发展、促进传统产业升级等方面的作用。襄阳市科研主力集中在高校、科研院校和部分科技水平含量比较高的龙头企业，襄阳市初步形成了以工程（技术）研究中心、企业技术中心为主体的技术创新平台，以国家级检测中心为配套的检测服务平台的较为完善的技术创新体系。2016—2021 年襄阳市科学技术发展情况如表2－1 所示。

表 2－1　　　　　2016—2021 年襄阳市科学技术发展情况

| 项目 ＼ 年份 | 2016 | 2017 | 2018 | 2019 | 2020 | 2021 |
|---|---|---|---|---|---|---|
| 高新技术企业（家） | 549 | 631 | 689 | 782 | 791 | 866 |
| 专利申请（件） | 8829 | 9936 | 9886 | 9199 | 11406 | — |
| 国家企业技术中心（个） | 8 | 10 | 11 | 12 | 14 | 14 |
| 省级以上科技创新平台（家） | 225 | 244 | 253 | 267 | 316 | 528 |

数据来源：襄阳市统计年鉴数据整理。

高新技术企业资质有效期为 3 年，3 年后需要重新认定，认定条件需满足高新技术产品（服务）收入占比不低于 60%、科技人员占比不低于

10%、年度研发费用占同期销售收入总额的比例符合相关要求等多项硬性指标。襄阳市近年来优化创新生态，整合创新扶持措施，科技惠企力度进一步加强，高新技术企业数量持续增加，到 2021 年总数达到 886 家，数量仅次于武汉市，居全省第二位。

"十三五"期间，襄阳市新增省级以上科技创新平台 164 家，总数达到 316 家。实施隆中人才支持计划，截至 2020 年年底，襄阳市拥有国家级高层次人才 120 人，专业技术人才 28 万人，全职引进高层次人才 4600 多名。[①] 2021 年，国家科技型中小企业库襄阳市入选企业达到 1196 家[②]，新增省级科技成果转化中试基地 15 家，创建国家级专精特新"小巨人"企业 10 家，国家绿色工厂 6 家，省级以上智能制造示范企业 6 家。随着政府大力引进高新技术企业、龙头企业和科技人才，襄阳市的科技创新主体日趋强大，这成为科技服务业发展的有力保证。

## 二、科技活动活跃，经费投入力度加大

提高企业的自主创新能力，不断强化企业在自主创新中的主体地位，是企业实现发展方式转型、提高核心竞争力的重要举措。2021 年，襄阳市加快打造科技强市，积极投入社会研发经费，高新技术产业增加值占地区生产总值比重达 22.7%，居全省第二位，成为"科创中国"试点城市，着力打造"北部列阵"科技创新驱动高质量发展示范区。2016—2020 年襄阳市科学活动情况如表 2-2 所示。

---

① 襄阳市科技创新"十四五"规划 [Z/OL].（2021 – 12 – 10）[2022 – 12 – 05]. http：//kjj. xiangyang. gov. cn/zwgk/gkml/ghjh/202112/t20211213_2663288. shtml.

② 2021 年襄阳市共 1196 户企业入选国家科技型中小企业库 [EB/OL].（2021 – 11 – 23）[2022 – 12 – 05]. http：//kjj. xiangyang. gov. cn/zwgk/gkml/tjsj/202112/t20211214_2664874. shtml.

表 2-2　　　　　　　　2016—2020 年襄阳市科学活动情况

| 项目＼年份 | 2016 | 2017 | 2018 | 2019 | 2020 |
|---|---|---|---|---|---|
| 研发经费支出（万元） | 765995.3 | 764206.5 | 758221.7 | 766147.1 | 797576.9 |
| 从事科技活动人员（人） | 31138 | 30234 | 28134 | 24030 | 23515 |
| 企业办技术开发机构（个） | 119 | 128 | 152 | 185 | 274 |
| 有研发活动企业（家） | 446 | 563 | 493 | 619 | 771 |

数据来源：襄阳市统计年鉴数据整理。

从研发主体看，2020 年全市工业企业 1697 家，其中高新技术企业 791 家，从事研发活动的企业为 771 家，占全市工业企业的 45.4%，占高新技术企业的 97.5%，较上年增加了 152 家，增长 24.6%。

从研发经费渠道来看，企业仍然是研发经费的主要承担者，2020 年襄阳市研发经费支出 79.76 亿元，占地区生产总值的比重达到 1.9%，其中企业资金 78.74 亿元，比上年增长了 4.67%，占全部研发经费的 98.7%，政府资金 0.73 亿元，比上年减少了 47.6%，占全部研发经费的 0.92%。

从研发人才队伍建设看，近年来襄阳市研发人员不断减少，2020 年全市从事科技活动人员为 23515 人，较 2019 年减少了 2.1%，较 2016 年减少了 24.5%。2020 年全市研发人员折合全时当量（人年）16943，比上一年下降了 3.4%，当时人员占全部研发人员的 72.1%，从事科技活动的人员中研发人员的水平还有待增强。

2016—2020 年襄阳市技术合同统计如表 2-3 所示。

表 2-3　　　　　　　　2016—2020 年襄阳市技术合同统计

| 项目＼年份 | 2016 | 2017 | 2018 | 2019 | 2020 |
|---|---|---|---|---|---|
| 登记合同数（个） | 1909 | 2212 | 2806 | 3145 | 2512 |
| 合同成交总额（万元） | 1126136 | 1050585 | 1108178 | 1310601 | 1503731 |

续表

| 项目 \ 年份 | 2016 | 2017 | 2018 | 2019 | 2020 |
|---|---|---|---|---|---|
| 技术合同交易额（万元） | 367039 | 406628 | 413694 | 329474 | 519916 |

数据来源：襄阳市统计年鉴数据整理（全市共有 14 个登记站点，有些登记站点数据未统计在该数据之内）。

"十三五"期间，襄阳市转化重大科技成果 409 项，技术合同交易额累计达到 606.8 亿元，获省级以上科学技术奖 50 项，其中湖北省科技进步一等奖 1 项。中国科学院湖北产业技术创新与育成中心襄阳中心、英诺迪克国际科技合作平台等重大成果转化平台相继落地。2020 年，襄阳市专利授权量达到 7092 件，其中发明专利授权 507 件，较 2015 年分别增加 4749 件、278 件。[①]

## 三、科技服务机构体系建设初具规模

襄阳市科技服务机构近年来发展迅速，襄阳市初步建成一批在行业内具有一定知名度和影响力的科技服务机构，科技服务机构体系建设初具规模。"十三五"期间，襄阳市建成襄阳科技城、汉江流域检测认证产业园、智能网联汽车自动驾驶封闭场地测试基地等一批专业化特色园区；襄阳高新区获批建设国家级双创示范基地；襄阳市建立了湖北省第二家国家（襄阳高新区）海智基地、鄂西北第一家中国科协科技成果转化襄阳分中心；襄阳市打造了全国首家地市级"智慧科协"样板间，与 7 家全国学会建立"学会工作站"，与全省 10 所高校共同建立产学研合作推进机制；襄阳市成立 3 个产业创新联盟，建立一批院士专家工作站、17 家海智工作站。

襄阳（东津）科学城、襄阳（尹集）大学城、华中农业大学襄阳现代

---

① 襄阳市人民政府. 襄阳市科技创新"十四五"规划［Z/OL］.（2021 – 12 – 10）［2022 – 12 – 05］. http：//kjj. xiangyang. gov. cn/zwgk/gkml/ghjh/202112/t20211213_2663288. shtml.

农业研究院（校区）相继开工建设，强化应用基础研究和前沿技术创新策源功能，聚力打造以高新区为创新驱动核的"一核三城"布局。与此同时，湖北隆中实验室、汉襄宜国家科技成果转移转化示范区和中国（襄阳）知识产权保护中心、华中农业大学襄阳校区（现代农业研究院）、北京航空航天大学襄阳航空研究院、湖北工业大学襄阳产业技术研究院在积极创建中，襄阳国家农业科技园区、枣阳国家经济技术开发区、谷城国家绿色产业示范基地、老河口国家高新技术产业开发区建设加速推进。襄阳市努力打造产业技术创新与科技成果转化主平台、科技型企业与新兴产业培育主阵地的发展模式，通过开展"联百校、转千果"等科惠行动，常态化推进重大科研项目"揭榜挂帅"。

## 四、产业发展环境持续优化

为进一步实施创新驱动，探索汉江生态经济带中心城市建设新路径，全面推进科技服务业的发展，襄阳市近年来出台了一系列科技创新创业相关政策，从市场环境、科技成果转化、科技城示范区、人才引进、科技金融、孵化园、众创空间等多方面展开部署，为科技服务体制机制创新奠定基础，使科技服务业发展环境持续优化。

2010 年，襄阳市科学技术局制定了《襄阳市创新型企业建设试点工作方案》，引导全市企业提高自主创新能力，走创新型发展的道路，真正成为研究开发投入的主体、技术创新活动的主体和创新成果应用的主体。2017 年，襄阳市科学技术局发布《襄阳市科学技术研究与开发资金管理办法》，规范和加强科学技术研究与开发资金管理，提高财政资金使用效益，促进襄阳市科技事业发展，增强科技对经济社会发展的推动作用。2019 年，襄阳市科学技术局发布《襄阳市科技资源开放共享管理办法》，加快推进科技资源开放共享，精准施策，进一步提高科技资源利用效率，促进大众创业、万众创新，提高科技创新能力。2020 年，襄阳市相继出台《中共襄阳市委襄阳市人民政府关于加强科技创新引领高质量发展的实施意见》《襄阳市企校联合创新中心备案管理实施方案》《襄阳市科技企业孵化器及众创空间绩效考核办法》。2021 年，《襄阳市高新技术企业中介服务机构备案管理办法》《襄阳市人民政府科创顾问聘任管理办法（暂行）》《襄阳区域科技创新中心建设方案》相继发布。"十一五"科技发展规划、"十二五"科技发展规划、"十三五"科技发展规划对于指导区域科技发展和技术进步、支撑引领襄阳市经济转型升级具有重要战略意义。

2013 年，科学技术部正式批准湖北省襄阳市为国家创新型试点城市和国家可持续发展实验区，襄阳市因此成为全国唯一拥有国家创新型试点城市、国家可持续发展实验区和国家科技进步示范市 3 张"国家级名片"的城市。2016 年，襄阳高新区被列入全国第二批科技服务业区域试点，成为湖北省三家入围单位之一。2021 年，襄阳市入选"科创中国"试点城市，充分证明了襄阳市在创建"科创中国"试点城市上取得的成效，这也是对襄阳市在科技经济融合上不断探索的充分肯定。

# 第三节 各领域发展情况

## 一、重点领域

### （一）研发服务业

研发服务业是以自然、工程、社会及人文科学等专门性知识或技能，提供研究发展服务的产业，主要涉及提供研发策略规划服务、提供专门技术服务和提供研发成果运用规划服务三大类。襄阳市研发服务业尚在起步阶段，当前在汽车研发服务、新能源研发服务和装备制造研发服务领域具备一定的市场影响力。

### 1. 汽车研发服务

经过多年的发展，襄阳市汽车产业已经成为拉动襄阳市工业增长、带动城乡就业、推动工业结构调整和走新型工业化道路的重要力量。全市从事汽车及零部件生产制造的企业 500 多家，其中规模以上企业 388 家，年产值过亿元企业 200 多家，年产值过 100 亿元的企业 4 家。[①]

目前，襄阳市已成为东风汽车公司轻型商用车、中高档乘用车、新能源汽车及关键零部件总成生产基地和众泰汽车生产基地，是国家新型工业化产业示范基地、国家公共领域节能与新能源汽车示范推广试点城市、国家汽车动力与部件产业基地，拥有国家汽车质量监督检验中心、国家智能网联汽车质量监督检验中心（湖北）、国家动力电池产品质量监督检验中心、国家汽车零部件检测重点实验室等国家级汽车及零部件检测机构，形成了集制造、物流、商贸、试验、检测于一体的较为完整的汽车产业链。

### 2. 新能源研发服务

2002 年，襄阳市新能源汽车产业起步；2009 年，襄阳市第一辆新能源整车下线；2010 年，东风股份有限公司新能源商用车项目开工；2013 年，襄阳市入围首批新能源汽车推广应用城市；2016 年，由襄阳市制造的首款纯电动轿车——东风俊风 ER30 下线……从少数企业探索，到形成集整车生产、零部件生产和研发检测于一体的完整产业链，襄阳市新能源汽车产业已进入快速发展期，成为襄阳市经济发展的最强增长极。

襄阳市从事新能源汽车研发和生产的企业及院所有 30 多家，形成了

---

① 待春来尽绽放，说说现在的湖北汽车工业 [EB/OL].（2020-02-13）[2022-12-05]. https：//news. yiche. com/hao/wenzhang/32249017/.

"三纵三横"（纯电动汽车、混合动力汽车、燃料电池汽车，动力电池、驱动系统、控制系统）的产业形态，逐步发展了"整车研发、生产（纯电动、插电式混合动力公交车和市政环卫车等新能源商用车）—检测基地（国家动力电池产品质量监督检验中心、东风新能源汽车检测线）—动力电池—驱动、控制系统—充电器生产和充电辅助系统—教育（培训）基地—示范运行—推广应用—售后服务"等较为完整的产业链。在新能源汽车的产业基础及核心技术领域，襄阳市联合其他科研检测机构及相关企业开展项目研发、标准制定等工作，解决行业及企业面临的技术难题，共同推进氢燃料电池产品有序化、标准化的产业进程，形成科技服务、研发测试、标准制修订等一体化的公共技术平台，进而带动全省该行业发展。

### 3. 装备制造研发服务

襄阳市装备制造业已形成高端装备、传统装备、特色装备的三位一体格局，轨道交通装备、航空航天装备、智能制造装备、节能环保装备、应急救援装备、农业机械装备等特色鲜明。襄阳市装备制造业具有一定规模和技术水平，产业体系具有相当区域竞争力，不仅在全市产业发展格局中占有举足轻重的地位，在全省产业布局中也占有重要地位。

襄阳市已初步形成了以金鹰重型工程机械股份有限公司、襄阳中车电机技术有限公司等为代表的轨道交通装备产业；以襄阳航泰动力机器厂、湖北航宇嘉泰飞机设备有限公司等为代表的航空航天装备产业；以航空工业航宇救生装备有限公司、中国航天科技集团公司第四研究院第四十二研究所等为代表的应急救援救生装备产业；以襄阳博亚精工装备股份有限公司、中日龙（襄阳）机电技术开发有限公司等为代表的智能制造装备产业；以襄阳五二五泵业有限公司、襄阳航生石化环保设备有限公司等为代表的节能环保装备产业；以东风井关农业机械有限公司、湖北富亿农业机械制造有限公司等为代表的农业机械产业。

## （二）专业技术服务业

专业技术服务业是指由专门为客户或社会提供职业化和科技服务活动的机构所组成的现代服务行业，这些活动要求有高度的专业技能和培训。我国的专业技术服务主要包括气象服务、地震服务、海洋服务、测绘服务、技术检测、环境监测、工程技术与规划管理、工程管理服务、工程勘察设计、规划管理、其他专业技术服务等。专业技术服务业在国内发展几十年，发展速度比较缓慢，且服务企业众多，竞争比较激烈，没有具备绝对优势的龙头企业。襄阳市的专业技术服务主要集中在检验检测服务领域。

襄阳市坚持围绕企业建设研发平台，大力支持企业建设重点实验室、技术创新中心、校企共建研发中心、产业技术创新联盟、产业技术研究院等创新平台，鼓励企业与科研院所开展联合攻关、共同开发。根据襄阳市新材料产业发展战略需求，依托湖北航天化学技术研究所，建设襄阳新材料公共技术平台，为地方企业提供技术研发、分析检测和安全检验检测服务。

襄阳市公共检验检测中心于 2019 年 3 月 8 日正式挂牌成立，承担政府有关部门的农产品（含粮油、饲料）、食品、药品、医疗器械以及其他产品的监督抽查、检验检测、应急监测、风险监测、仲裁检验、质量鉴定，社会公用计量标准建立、量值传递、计量器具检定、校准，国家、省检测中心和重点实验室建设等职责。襄阳市公共检验检测中心实验室面积 3.4 万平方米，各类实验仪器设备 1095 台（件）。襄阳市公共检验检测中心已建成国家级、省级检验中心 5 个，分别是国家动力电池产品质量监督检验中心、湖北省蓄电池产品质量监督检验中心、湖北省精密几何量计量检定中心、湖北省容量流量计量检定中心、湖北省氢燃料电池产品质量检验中心，正在筹建省级检验中心 3 个，分别是湖北省新能源汽车产业计量测试中心、湖北省电动汽车充电机产品质量检验检测中心、湖北省电动自行车产品质量监督检验中心。

《襄阳市科技创新"十四五"规划》指出，着力打造汉江流域检验检测集聚区，大力推进襄阳市检测认证产业园建设，围绕汽车、装备制造、生物医药、新材料等领域引进和培育一批检验检测服务机构，提升国家智能网联汽车产品质量监督检验中心（湖北）、国家燃料电池汽车质量监督检验中心等平台功能，支持搭建复合材料、危险化学品等检验检测平台。鼓励新型研发机构、大企业等创新主体围绕主导产业领域建设一批公共技术服务平台，提供试验研究、产品研制、工艺验证、小试生产、技术咨询等服务。

## （三）科技中介服务业

科技中介服务业是指在市场经济中，为科学研究成果转化成生产力和企业需要新技术增加企业效益之间能够有效对接而开展经营服务活动的机构所组成的行业，这些活动主要包括技术推广、科技信息交换、技术咨询、技术孵化、科技评估和鉴定等，同时这些机构提供将新技术、新产品和新工艺推向市场的技术推广和转让服务。

### 1. 企业孵化服务

早在 2012 年，襄阳市就建成省级以上孵化器 5 家，形成以襄阳高新技术创业服务中心、襄城区科技创业服务中心两个国家级孵化器为龙头，以樊城、襄州、汉北、襄阳市大学科技园等省级孵化器为支撑，襄阳科技城（省级加速器）为补充的科技创业平台体系。2013 年，襄城区科技创业服务中心升级为国家级孵化器。襄阳市不断健全孵化服务体系，打造优质孵化链条，为创业团队提供从项目到产业园的服务管理体系，建立整套企业评审、准入、抚育和退出机制。作为襄阳市科技企业孵化器龙头的高新区技术创业服务中心，引进投资咨询公司、担保公司等专业投融资机构，联合各大金融机构，开展多项金融创新服务，同时重点引进中介服务机构，为在孵企业提供专业化的中介代理服务，孵化器还搭建产学研合作平台，引导大学生创业就业，大力推动产学研合作。"十三五"期间，襄阳市建成省级以上孵化器、众创空间、星创天地68家，孵化总面积超过102万平方米，在孵企业2049家①（见表2-4和表2-5）。

为规范科技企业孵化园区建设，鼓励并引导科技企业孵化器更好实现功能定位，推动科技企业孵化器持续健康发展，健全创新创业孵化体系，襄阳市连续出台了一系列配套政策，包括《襄阳市科技企业孵化器认定管理办法》《襄阳市科技企业孵化器及众创空间绩效考核办法》。

表2-4　　　　　　　　　　2021年襄阳市孵化器清单

| 序号 | 孵化器名称 | 孵化器运营 | 层级 | 所在区域 |
|---|---|---|---|---|
| 1 | 襄城区科技创业服务中心 | 襄城区科技创业服务中心 | 国家级 | 襄城区 |
| 2 | 襄阳市大学科技园 | 襄阳市大学科技园发展有限公司 | 国家级 | 襄城区 |
| 3 | 湖北文理学院大学生科技孵化园 | 湖北文理学院创新创业教育学院 | 省级 | 襄城区 |
| 4 | 襄阳职业技术学院校园科技创业孵化器 | 襄阳职业技术学院创新创业学院 | 省级 | 襄城区 |
| 5 | 襄阳市劳动就业训练中心大学生创业孵化园 | 襄阳市劳动就业训练中心 | 市级 | 襄城区 |
| 6 | 六〇三文创科技孵化中心 | 文字六〇三文化创意（湖北）有限公司 | 市级 | 襄城区 |
| 7 | 襄阳市樊城区科技创业服务中心 | 襄阳市樊城区科技创业服务中心 | 省级 | 樊城区 |

———————

① 襄阳市人民政府. 襄阳市科技创新"十四五"规划［Z/OL］.（2021-12-10）［2022-12-05］. http://kjj. xiangyang. gov. cn/zwgk/gkml/ghjh/202112/t20211213_2663288. shtml.

| 序号 | 孵化器名称 | 孵化器运营 | 层级 | 所在区域 |
|---|---|---|---|---|
| 8 | 建设路21号文化创意企业孵化器 | 襄阳合创联文化创意有限公司 | 省级 | 樊城区 |
| 9 | 易麟孵化器 | 湖北易麟孵化器有限公司 | 市级 | 樊城区 |
| 10 | 襄阳蓝光创新创业孵化园 | 襄阳市蓝光实业公司 | 市级 | 樊城区 |
| 11 | 汉江创业创新产业园 | 襄阳兴亿投资管理有限责任公司 | 国家级 | 高新区 |
| 12 | 襄阳高新技术创业服务中心 | 高新区创业中心 | 国家级 | 高新区 |
| 13 | 智行众创空间孵化器 | 湖北智行众创科技服务有限公司 | 省级 | 高新区 |
| 14 | 襄阳市检测认证产业园 | 襄阳汉江检测有限公司 | 省级 | 高新区 |
| 15 | 襄阳市汉北科技孵化园 | 襄阳市汉北实业有限公司 | 省级 | 高新区 |
| 16 | 襄阳科技城 | 襄阳高新技术开发区科技城管理办公室 | 国家级 | 高新区 |
| 17 | 美存优创孵化器 | 湖北美存优创孵化器有限公司 | 省级 | 高新区 |
| 18 | 湖北文理学院创新创业综合体 | 襄阳襄大同科孵化器有限公司（已注销） | 市级 | 高新区 |
| 19 | 襄阳光明国际孵化器 | 襄阳光明国际电气有限公司 | 市级 | 高新区 |
| 20 | 襄阳振华宇科智慧创新产业园 | 襄阳振华宇科科技有限公司 | 市级 | 高新区 |
| 21 | 襄阳软起动孵化园 | 襄阳天工智动谷孵化器管理有限公司 | 市级 | 高新区 |
| 22 | 襄州区科技创业服务中心 | 襄阳市襄州区科技创业服务中心 | 省级 | 襄州区 |
| 23 | 襄阳襄州唐白河科技孵化有限公司 | 襄阳汇源农林股份有限公司 | 市级 | 襄州区 |

续表

| 序号 | 孵化器名称 | 孵化器运营 | 层级 | 所在区域 |
|---|---|---|---|---|
| 24 | 湖北宜城水晶产业科技孵化园 | 宜城华光水晶产业园有限公司 | 省级 | 宜城 |
| 25 | 枣阳市中小企业科技孵化园 | 枣阳市生产力促进中心 | 省级 | 枣阳 |
| 26 | 枣阳丹阳科技孵化园 | 枣阳铭盛科技服务有限公司 | 市级 | 枣阳 |
| 27 | 谷城再生资源产业科技孵化园 | 湖北供销金洋再生资源有限公司 | 省级 | 谷城县 |
| 28 | 中国有机谷电商产业孵化器 | 华夏创谷电子商务有限公司 | 省级 | 谷城县 |
| 29 | 左手拉拉科技企业孵化器 | 湖北左手拉拉酒业有限公司 | 市级 | 谷城县 |
| 30 | 中国有机谷互联网产业孵化器 | 襄阳企飞三维科技有限公司 | 市级 | 谷城县 |
| 31 | 南漳县科技孵化园 | 南漳县科技创业服务中心 | 市级 | 南漳县 |
| 32 | 南漳县玖天青年创业孵化园 | 南漳县玖天青年创业孵化园 | 市级 | 南漳县 |
| 33 | 老河口市科技企业孵化器 | 湖北力达投资有限公司 | 省级 | 老河口市 |
| 34 | 圆佑科技企业孵化器 | 保康县圆佑科技企业孵化器有限公司 | 市级 | 保康县 |
| 35 | 保康县广经天下科技企业孵化器 | 湖北广经天下农业科技有限公司 | 市级 | 保康县 |

表2-5　　　　　2021年襄阳市众创空间清单

| 序号 | 众创空间名称 | 众创空间运营 | 层级 | 所在区域 |
|---|---|---|---|---|
| 1 | 襄阳市"云创意"众创空间 | 湖北文理学院创新创业教育学院 | 省级 | 襄城区 |
| 2 | 机电伺服韵尚众创空间 | 湖北韵生航天科技有限公司 | 省级 | 襄城区 |

续表

| 序号 | 众创空间名称 | 众创空间运营 | 层级 | 所在区域 |
|---|---|---|---|---|
| 3 | 襄城科技创业服务中心人才超市众创空间 | 襄阳市襄城区科技创业服务中心 | 省级 | 襄城区 |
| 4 | 襄职天空创业训练营 | 襄阳市大学科技园发展有限公司 | 省级 | 襄城区 |
| 5 | 襄阳"服饰文化创想·家"创客空间 | 襄阳市大学科技园发展有限公司 | 省级 | 襄城区 |
| 6 | 维胜机器人创客空间 | 湖北维胜机器人科技有限公司 | 省级 | 襄城区 |
| 7 | 襄阳古玩城众创空间 | 湖北大联文化旅游有限公司 | 市级 | 襄城区 |
| 8 | 襄阳襄汽大学生双创科技园 | 襄阳汽车职业技术学院 | 市级 | 襄城区 |
| 9 | 襄阳"汽车人"空间 | 襄阳职业技术学院 | 省级 | 襄城区 |
| 10 | 智缘草堂创意设计众创空间 | 襄阳职业技术学院 | 市级 | 襄城区 |
| 11 | 襄阳创客众创空间 | 襄阳创业邦网络科技有限公司 | 省级 | 襄城区 |
| 12 | 襄草源众创空间 | 湖北襄草源生态农业科技有限公司 | 市级 | 襄城区 |
| 13 | 31梦工厂双创平台 | 襄阳梦工厂孵化器管理有限公司 | 市级 | 襄城区 |
| 14 | 乐叮众创空间 | 湖北乐叮企业孵化器有限公司 | 省级 | 樊城区 |
| 15 | 襄阳汉江·优客工场 | 襄阳汉江优客工场企业咨询管理有限公司（已注销） | 省级 | 樊城区 |

| 序号 | 众创空间名称 | 众创空间运营 | 层级 | 所在区域 |
|---|---|---|---|---|
| 16 | 能空间孵化器 | 湖北风口网络科技有限公司 | 省级 | 樊城区 |
| 17 | 襄阳绿地国际创客中心 | 绿地集团襄阳置业有限公司 | 市级 | 樊城区 |
| 18 | 2025 众创空间 | 湖北梵米科技开发有限公司 | 市级 | 樊城区 |
| 19 | 华联众创空间 | 湖北华联众创孵化器有限公司 | 市级 | 樊城区 |
| 20 | 芝士众创空间 | 湖北积鑫孵化器有限公司 | 市级 | 樊城区 |
| 21 | 为兴创业咖啡 | 襄阳为兴投资管理有限公司 | 国家级 | 高新区 |
| 22 | 湖北文理学院创业 Club | 襄阳襄大同科孵化器有限公司（已注销） | 国家级 | 高新区 |
| 23 | 智行众创空间孵化器 | 湖北智行众创科技服务有限公司 | 省级 | 高新区 |
| 24 | 汉江众创空间 | 襄阳兴亿投资管理有限责任公司 | 省级 | 高新区 |
| 25 | 软通动力襄阳乐业空间 | 湖北软通动力移动互联信息技术有限公司（已注销） | 省级 | 高新区 |
| 26 | 襄阳安式创业咖啡 | 湖北安氏软件有限公司 | 省级 | 高新区 |
| 27 | 孔明灯 3D 创业空间 | 湖北法维科技实业有限公司 | 省级 | 高新区 |
| 28 | 源啓·蒲公英众创空间 | 襄阳琰时代信息咨询有限公司 | 省级 | 高新区 |
| 29 | 隆中创客空间 | 湖北恒维通智能科技有限公司 | 省级 | 高新区 |

续表

| 序号 | 众创空间名称 | 众创空间运营 | 层级 | 所在区域 |
|------|------|------|------|------|
| 30 | 跨境电商众创空间 | 襄阳市大学科技园 | 省级 | 高新区 |
| 31 | 襄阳光谷创业咖啡 | 襄阳光谷咖啡创业服务有限公司 | 省级 | 高新区 |
| 32 | 中天科技转化众创空间 | 襄阳市中天科技成果转化中心 | 省级 | 高新区 |
| 33 | 美存优创众创空间 | 湖北美存优创孵化器有限公司 | 省级 | 高新区 |
| 34 | 湖北赛伯乐创新中心 | 湖北赛伯乐科技服务有限公司 | 市级 | 高新区 |
| 35 | 英诺迪克创新科技众创空间 | 英诺迪克北欧创新科技（襄阳）有限公司 | 市级 | 高新区 |
| 36 | 浩然创客汇·创客空间 | 襄阳市襄州区科技创业服务中心 | 市级 | 襄州区 |
| 37 | 襄州蒲公英众创空间 | 襄阳在路上信息咨询有限公司 | 市级 | 襄州区 |
| 38 | MK梦想家（创客空间） | 湖北猫咖网络科技有限公司 | 市级 | 襄州区 |
| 39 | 襄州区人才优创空间 | 襄阳智兴企业管理有限公司 | 市级 | 襄州区 |
| 40 | 楚日众创 | 宜城楚日众创咨询管理有限公司 | 省级 | 宜城 |
| 41 | 楚才造梦空间 | 宜城市捷仕达人才服务有限公司 | 市级 | 宜城 |
| 42 | 华夏创谷创客空间 | 华夏创谷电子商务有限公司 | 市级 | 谷城 |
| 43 | 谷城信鑫众创空间 | 谷城信鑫人才创新创业服务有限公司 | 市级 | 谷城 |

续表

| 序号 | 众创空间名称 | 众创空间运营 | 层级 | 所在区域 |
|------|------------|------------|------|---------|
| 44 | 绿创空间 | 华中绿谷实业发展有限公司 | 省级 | 南漳 |
| 45 | 南漳县玖天青年创业众创空间 | 南漳县玖天青年创业孵化园 | 省级 | 南漳 |
| 46 | 保康县"一想天开"众创空间 | 保康县圆佑科技企业孵化器有限公司 | 省级 | 保康县 |
| 47 | 保康县电子商务众创空间 | 湖北广经天下农业科技有限公司 | 省级 | 保康县 |
| 48 | 枣阳市三和顺众创空间 | 襄阳三和顺创业咨询有限公司 | 市级 | 枣阳市 |
| 49 | 枣阳市电子商务产业园 | 枣阳时代天街商业运营管理有限公司 | 市级 | 枣阳市 |
| 50 | 枣阳市双创产业园 | 枣阳市创业创新发展有限公司 | 市级 | 枣阳市 |

### 2. 技术转移服务

2016 年，国家技术转移中部中心襄阳分中心挂牌成立。国家技术转移中部中心襄阳分中心是湖北省科技厅与襄阳市政府共同建设的科技成果转移服务平台，是国家技术转移中心布局全国的 11 家分中心之一，是全国首家以科技成果转化为核心的"互联网＋"科技孵化基地。国家技术转移中部中心襄阳分中心立足高新区，面向汉江流域，依托科技部信息资源平台与国家技术转移中部中心平台，进行常态化成果展示、成果交易、技术需求对接。2016 年，国家技术转移中部中心襄阳分中心与中科院老专家技术中心（现名为北京中科老专家技术中心）合作成立了中科院老专家技术中心襄阳工作站、与国防科技生产力促进中心成立襄阳工作站、与中国产学研合作促进会成立襄阳分会，成为国家技术转移中部中心的一个重要枢组，为襄阳市建设具有影响力的科技中心起到支撑作用。

国家技术转移中部中心襄阳分中心项目由线上网络服务平台、线下实体服务平台组成。其线上网络服务平台直接与湖北省技术转移和成果转化公共服务平台实现互联互通，实时信息共享，自主开发建设技术转移"互联网＋实体市场"服务平台，包含科技成果转化中试咨询服务平台、知识产权综合服务平台、技术经纪人服务平台、专家智库服务平台等。线下实体服务平台已建成面积 10000 余平方米，由科技成果展示与发布厅、技术转移和知识产权交易服务区、技术转移项目路演中心、技术交易洽谈咖啡厅、一站式服务综合窗口、电子阅览室、军民融合、金融服务、中试咨询、技术经纪人培训中心、孵化器等功能区组成。

2021 年，在襄阳市科学技术局的指导下，国家技术转移中部中心襄阳分中心协助完成全市技术合同登记审核 187 亿元，科技型中小企业审核入库 1196 家，完成企业技术需求收集 520 项，收集科技成果 2514 项，实施科技成果对接 30 项，转化落地 8 项。国家技术转移中部中心襄阳分中心于2021 年年底从全国 79 个基层站点中脱颖而出，荣获"十佳基层站点"的称号。①

### 3. 知识产权服务

2016 年，原襄阳市专利服务发展中心更名为襄阳市知识产权发展中心，其成立以来，主要承担中国（襄阳）知识产权维权援助中心、襄阳·中国汽车知识产权信息中心、国家专利技术（襄阳）展示交易中心、国家技术转移中部中心襄阳分中心四项国家级知识产权服务平台工作。原襄阳市专利服务中心充分发挥专利信息资源的优势，积极为襄阳市及周边地区企事业单位开展专利信息服务，每年为企业提供专利信息检索、查询 800余人次，同时为襄阳市高新开发区及相关企业提供《中国电动汽车专利分

---

① 国家技术转移中部中心襄阳分中心荣获十佳基层站点殊荣［EB/OL］.（2021－12－28）［2022－12－05］. http://kjj.xiangyang.gov.cn/znzx/jgzdt/202112/t20211228_2677790.shtml.

析》《襄阳市高新开发区企业专利技术现状分布》《我国六大汽车先进技术专利布局》《襄阳市新能源汽车专利分析报告》等专利分析报告，并成功组织举办了几届"专利周"大型活动，在此基础上，该中心积极为企业和个人专利权人调解、维权 80 余次。随着社会经济的发展，只局限于专利服务职能不能满足现实的需求，更名后的襄阳市知识产权发展中心进一步推动和提升了科技创新、技术创新的服务内涵。

近年来，襄阳市知识产权服务业快速发展，大力推进国家知识产权示范城市建设，强化知识产权创造保护，成果显著。2018 年，宜城市成为湖北省知识产权强县工程示范县（市、区），中铁十一局集团汉江重工有限公司等 25 家企业被评为第五批湖北省知识产权示范建设企业。2018 年，襄阳市科学技术局完成专利执法案件 254 件，其中受理专利侵权纠纷案件 33 件、查处假冒专利案件 221 件。2021 年年初，襄阳知识产权服务机构联盟成立，联盟成员单位 30 余个。该联盟成立之后，将优势聚集、强力合作、有效发挥好政府与企业的桥梁纽带作用结合起来，通过多形式开展论坛、专题讲座、线下沙龙等活动，打造良好的知识产权生态环境，提升汉江科联网知识产权专业服务能力，进一步助力科技强企创新升级，助推襄阳市经济高质量发展。

### （四）科技金融服务业

科技金融服务业是通过制度、机制、工具等创新，整合科技、金融、企业和社会资源，服务于科技成果转化和高新技术产业发展的多元化科技投融资体系，主要包括企业资金、政府投入、创业风险投资、科技贷款和担保、多层次资本市场、科技金融产品，以及中介服务体系等多个方面。

围绕科技企业融资需求，襄阳市初步建成覆盖企业发展周期的科技金融体系，呈现政府支持为主、科技贷款和风险投资为辅的特点。2015 年，汉江科技金融服务中心正式成立，襄阳市科学技术局从市科技经费中拿出

2000 万元作为政府基金，与汉口银行、襄阳市创新投资有限公司共同设立总额度为 1 亿元的汉江科技金融基金，汉口银行对纳入支持的科技型中小企业新增贷款总额不低于 10 亿元，单笔单户贷款额度不得超过 1000 万元，贷款利率上浮不得超过人民银行公布的基准利率的 30%，不得收取贷款利息以外的任何费用。科技金融基金受理获高新技术企业认定、成长路线图计划等 8 类符合条件的科技型中小企业申请知识产权质押贷款，汉江科技金融基金对贷款所产生的贷款损失进行风险补偿。襄阳市有近 400 家科技型企业从科技金融基金中获益。

## （五）科技普及与宣传服务业

襄阳市大力建设科普教育基地和科普示范基地，全面提升公民科学素质。2021 年，中国人民解放军第五七一三工厂和襄阳市海容小学成为襄阳市首批青少年科普教育基地。中国人民解放军第五七一三工厂，是拥有几十年历史的航空发动机修理企业，2019 年 11 月在谷城厂区利用独特航空资源建设了航空知识培训馆；襄阳市海容小学青少年眼健康科普教育基地分为科普知识区、科普体验区、互动游戏区、功能设备参观区和科普教育报告厅五大功能区。

2022 年，襄阳市科技馆、老河口市科技馆、汉江印刷文化记忆馆、中国人民解放军第五七一三工厂航空知识培训馆、尧治河磷矿博物馆被命名为"湖北省科普教育基地"。其中，襄阳市科技馆新馆常设地球家园、科学探秘、生命与健康、公共安全、创新前沿、童梦乐园、活力襄阳等展区，根据展陈深化设计方案，新馆展品共有 780 件，其中科普展品 410 件、动物标本 370 件；老河口市科技馆以"永知·发展·创新"为主题，围绕"激发科学兴趣、启迪创新意识、培养动手能力、提高公众素质、构建和谐发展"目标，设有六大主题展厅，展品共计 123 件；汉江印刷文化记忆馆建有三大主题展馆，即中国文字馆、中华造纸馆、中式印刷馆，通过文字发展、印刷传承等主题文化、实践、体验课程培根铸魂，打造以创新精神、文化传承、文化自信为根脉的科普育人体系；中国人民解放军第五七一三工厂航空知识培训馆是鄂西北地区唯一一家全要素、全系统的航空知识科普教学场馆，包括航空综合知识培训馆、航空发动机知识培训馆和厂史陈列馆，室内场馆共有 13 个主题，拥有完整的航空内燃机解剖机、燃气涡轮发动机解剖机、涡轮叶片和高低压转子解剖机等科普教学用具 120 件（套）；尧治河磷矿博物馆建于 2014 年，是中国唯一一家磷矿专业博物馆，展厅采取声、光、电等现代科技手段，多角度、多层面展示了磷矿石形成、开采和加工转化的具体过程和基本知识。

襄阳市积极组织开展科技活动周、科技政策"进企业、进园区"宣讲，高端研发平台和科普教育基地免费开放、科技下乡等系列科技宣传活动。2013—2021 年襄阳市科技活动周事记如表 2-6 所示。

表 2-6　　　　　　2013—2021 年襄阳市科技活动周事记

| 年份 | 主题 | 主要内容 |
| --- | --- | --- |
| 2013 | 科技创新、美好生活 | 科学技术普及、知识产权和科技创新教育 |
| 2014 | 科学生活、创新圆梦 | 科技成果展示、科技人员下乡、科技资源开放 |
| 2015 | 创新创业、科技惠民 | 展示科技成果、开放科技资源、专题科普活动 |
| 2016 | 创新引领、共享发展 | 科技下乡、科技创业咨询、青少年科技创新 |
| 2017 | 科技强国、创新圆梦 | 科普知识宣传、专利申请与知识产权保护咨询 |
| 2018 | 科技创新伴我行 | 食品安全、低碳节能、大气保护、健康生活 |
| 2019 | 科技强国、科普惠民 | 展示科技创新重大成就、加大创新创业事迹宣传 |
| 2020 | 科技战役、创新强国 | 发放宣传资料、提供健康检测、接受科技咨询 |
| 2021 | 新科技、赢未来 | 科普知识宣传、创新成果展示、科技产品体验 |

## 二、重点企业

### (一) 研发服务业重点企业

在研发服务业共选取了 14 家重点企业，其中汽车研发企业 5 家，新能源研发企业 3 家，装备制造研发企业 6 家，如表 2 - 7 所示。

表 2 - 7　　　　　　　　　　研发服务业重点企业

| 重点领域 | 领域细分 | 重点企业 |
|---|---|---|
| 研发服务业 | 汽车研发 | 东风汽车股份有限公司 |
| | | 东风康明斯发动机有限公司 |
| | | 襄阳汽车轴承股份有限公司 |
| | | 湖北三环锻造有限公司 |
| | | 湖北东润汽车有限公司 |
| | 新能源研发 | 骆驼集团新能源电池有限公司 |
| | | 湖北京远新能源科技有限公司 |
| | | 襄阳宇清传动科技有限公司 |
| | 装备制造研发 | 金鹰重型工程机械股份有限公司 |
| | | 湖北航宇嘉泰飞机设备有限公司 |
| | | 中航工业航宇救生装备有限公司 |
| | | 襄阳博亚精工装备股份有限公司 |
| | | 襄阳航生石化环保设备有限公司 |
| | | 湖北富亿农业机械制造有限公司 |

### 1. 东风汽车股份有限公司

东风汽车股份有限公司经中国证券监督管理委员会批准，由东风公司独家发起，采取公开募集方式于 1999 年 7 月 15 日创立，于 1999 年 7 月 27 日在上海证券交易所上市交易。东风汽车股份有限公司是肩负东风轻型车事业发展壮大重任的大型股份制企业，是国内领先的轻型车整体运营解决方案提供商。

东风汽车股份有限公司建立了从研发、采购、制造到交付的数字制造PLM（生命周期管理）系统，践行"智能制造 AI ＋"，引入国际领先的日产制造技术，逐步建成日产轻卡全球技能中心，进而从制造大厂向智慧制造强厂转变，制程管理导入日产 PPCM（生产准备进度管理）体系，从商品企划、研发、生产准备、制造、量产到初期流动管理，严格按 A－PES标准评价新车准备的质量、成本、交期等各项指标，严把质量关。近年来，东风汽车股份有限公司在专利申报、技术标准制定等方面不断彰显竞争力，并成功入围中国企业专利 500 强。其中，新一代驾驶室 F91G项目标志着东风汽车股份有限公司轻卡驾驶室总成的研发和制造水平达到国际标准。

## 2. 东风康明斯发动机有限公司

东风康明斯发动机有限公司位于襄阳高新技术产业开发区，是东风汽车股份有限公司和美国康明斯公司以 50∶50 的股权比例合资兴建的现代化中重型发动机制造公司。1996 年 6 月东风康明斯发动机有限公司成立，注册资本逾 1 亿美元，占地面积为 27 万平方米。该公司产品广泛应用于轻、中、重型载重汽车，中高级城际客车，大中型公交客车，工程机械，船用主辅机、发电机组等领域。产品因先进的经济性、动力性、可靠性、耐久性和环境安全性受到国内外用户的普遍好评。

东风康明斯发动机有限公司依托美国康明斯公司全球生产体系在产品开发、制造、质量和管理等领域的有力支持，不断提高企业和产品竞争力，为客户提供品质优良的发动机。通过整合和优化，东风康明斯发动机有限公司已达到年产 23 万台发动机的生产能力，并通过滚动式技术引进和自行开发战略，在产品开发上逐步实现与欧美市场同步发展，从而跳跃式提升中国中重型发动机的技术水平。该公司自行开发并拥有全部自主知识产权的新一代 13 升全电控重型卡车发动机,功率范围覆盖 430～600 马力。

### 3. 襄阳汽车轴承股份有限公司

襄阳汽车轴承股份有限公司始建于 1968 年,是国家投资 1.2 亿元建设的专为我国汽车制造配套轴承的国家重点项目。襄阳汽车轴承股份有限公司拥有专门从事汽车轴承新产品、新技术研发和应用的工程技术中心,拥有一大批从事新产品开发工作的高级专业工程技术人员,除汽车轴承外,其产品涉及机械、农机、家电和风电等领域多种轴承。

该公司技术研发能力在国内汽车轴承行业处于领先地位,公司获得许多国家及省市科学成果奖,其中加强型圆锥滚子轴承、满装圆柱滚子轴承、汽车空调压缩机和离合器轴承模拟试验机等多项技术拥有国家专利。该公司产品具备整车配套东风、解放、斯尔太、北方奔驰、江淮汽车、北汽福田、跃进、五十铃等系列用轴承产品的能力,公司可为用户设计制造特殊用途的各类轴承及零部件产品。2012 年公司技术中心被认定为国家级企业技术中心。

### 4. 湖北三环锻造有限公司

湖北三环锻造有限公司是生产汽车零部件和钢质模锻件的专业化企业,是国内最大的中重型汽车转向节生产厂家,是东风汽车股份有限公司定点配套公司。该公司现拥有固定资产 1 亿多元,机械设备 500 余台(套),形成了以世界先进的德国进口的 6300 吨电动压力机为主体的 7 条锻造生产线,以数控连续式推杆炉为主体的 7 条热处理生产线,以数控车床、组合机床为主体的 9 条机械加工生产线,以数控线切割、数控铣床、数控镗床、电脉冲机床为主体的 3 条模具加工生产线。化学分析、金相、硬度、探伤、拉伸试验、三坐标等检测手段完备,质量保证体系健全,已通过 ISO9001：2000 和 ISO/TS16949 质量体系认证,该公司连续三年被东风商用车公司和东风车桥公司授予"最佳供应商""优秀供应商"等荣誉称号。该公司围绕"多品种、系列化、专业化、规模化"的发展思路,经过多年卓有成效的产品开发，现拥有重、中、轻、客等各类汽车转向节系列产品以及汽车吊耳、转向节臂、曲轴、垫板、突缘、齿轮等系列产品。

### 5. 湖北东润汽车有限公司

湖北东润汽车有限公司创立于 2006 年，在经历单品经营东风商用车，拓展东风风神乘用车，自主研发生产专用车、新能源汽车、阿科米房车等一系列战略举措后，已成长为一家以汽车产业为核心业务、多元化经营发展的集团化公司，配套的物流公司在消费信贷、货源、保险、理赔、车辆运行监管等方面为顾客提供了完善的全程服务，于 2015 年被评为高新技术企业。2021 年，湖北东润汽车有限公司居襄阳市民营企业 100 强第 16 位。

### 6. 骆驼集团新能源电池有限公司

骆驼集团新能源电池有限公司是骆驼集团旗下全资子公司，专业生产锂离子电池产品。其 2007 年发展至今，已经建成日产 5 万安时软包装动力电池生产线和 PACK（包装、封装和装配）生产线，电芯类产品以大容量软包动力电芯为主，按正极材料分主要有锰酸锂、三元混锰和磷酸铁锂体系，PACK 类产品主要用于电动自行车、电动摩托车、电动汽车、风光储能、通信储能等领域。该公司拥有世界先进水平的蓄电池连铸连轧生产设备以及先进的生产技术工艺，通过 ISO9001、EAQF94、ISO/TS16949 等质量体系认证。骆驼集团新能源电池有限公司以骆驼蓄电池研究院为技术依托，联合武汉大学、华中科技大学、哈尔滨工业大学等，建立定期交流机制和公共试验室。

### 7. 湖北京远新能源科技有限公司

湖北京远新能源科技有限公司成立于 2010 年，经营范围包括锂电池开发、生产；新能源汽车销售；新能源电池相关产品及零部件开发、生产、销售及售后服务、技术转让和信息技术咨询服务。该公司积极开拓新的高端应用市场，开发的磷酸铁锂大容量动力电池，主要技术指标和安全性能均处于国内领先水平，比能量达到世界级先进水平 128Wh/kg，充放电次数达 2000 次以上。公司被国家发展和改革委员会、工业和信息化部列入重点支持名录，目前已具备系列化大容量磷酸铁锂电池的研发和生产能力，能够为各种电动汽车提供性能优良、安全可靠的动力电池、电池包和管理系统。

### 8. 襄阳宇清传动科技有限公司

襄阳宇清传动科技有限公司成立于 1999 年 5 月，主导产品有辊系和高端装备、球笼等速万向联轴器、非标轴承等，具备技术消化、吸收、创新和转化实力，每年开发新产品 10 余种，成功实现高端装备、球笼等速万向联轴器、非标轴承进口替代，在业内享有较高声誉和知名度，产品出口印度、越南、印度尼西亚、伊朗、坦桑尼亚、哥伦比亚等国家。该公司通过了 ISO9001：2015、IATF16949：2016 国际质量体系认证，以及 GJB 9001C—2017 军工产品质量体系认证，获得"国家火炬计划重点高新技术企业""湖北省企业技术中心""湖北省科技创业明星企业""湖北省创新型试点企业""湖北省重点扶持 100 家科技创新型企业"等资质和荣誉，获得国家专利 39 项，其中发明专利 4 项，球笼式同步万向联轴器、三缸柱塞泵用轴承等企业标准，取得襄阳市质量技术监督局"企业标准证书"。

### 9. 金鹰重型工程机械股份有限公司

金鹰重型工程机械股份有限公司是中国国家铁路集团有限公司下属的中国铁路武汉局集团有限公司控股的上市企业，主要从事铁路工程机械的研发与制造，是国家认定的高新技术企业，是铁路自轮运转特种设备培训考试基地。金鹰重型工程机械股份有限公司拥有从业人员 1510 余人，其中专业技术人员 260 余人，中高级技术职务人员 130 余人，本科及以上学历人员 360 余人；建有占地面积 1100 余亩的金鹰工业园和西湾大修基地；建立了国内产品线极齐全、覆盖面极广泛、产品极丰富的铁路工程机械生产线；拥有占地面积 578 亩的余家湖产品试验基地，试验线路总长达 8.5 千米；设有工程机械研究院（武汉研发中心），拥有大机事业部、轨道车辆事业部、核心部件事业部、大修事业部、集装箱事业部、配件销售和维保事业部、工程服务事业部 7 个生产机构，以及北京、上海、武汉、成都和海外 5 个销售服务部。

金鹰重型工程机械股份有限公司技术力量雄厚，其工程机械研究院是"国家认定企业技术中心"和"湖北省工程技术研究中心"，公司拥有专利200 多项（其中发明专利 38 项），编制 4 项国家标准、21 项铁路行业标准，掌握线路清筛、捣固、配砟整形、物料输送、动力稳定等路基处理技术；掌握打磨、探伤、激光淬火、钢轨自动更换、闪光焊轨等钢轨处理技术及接触网施工维护与检测技术、铁路工程车辆网络控制技术、车辆状态远程监测技术等大量核心技术，建立了 ISO22163、ISO9001、ISO14001 和ISO45001 等质量、环境和职业健康安全管理体系，可以根据不同国家和地区轨道交通网络的多样化需求，开展定制式研发与生产。

## 10. 湖北航宇嘉泰飞机设备有限公司

湖北航宇嘉泰飞机设备有限公司是中航客舱系统有限公司下属的，以商用飞机座椅、客舱设备、航空零部件的研制销售为主的高科技公司。湖北航宇嘉泰飞机设备有限公司坚持自主创新、坚持打造一流的民族品牌，坚持国际化发展，其科研开发能力、试验验证能力、试航管理能力、生产制造能力和质量控制能力达到了世界先进水平。该公司拥有结构、强度、非金属、阻燃性、人机环境、工业设计和电气等完整专业工程技术人员团队，具有先进、完善的实验设备，具有动静强度、疲劳寿命、人机环境舒适性等技术的研究与试验能力，具备超过 40 种类型民机座椅研发经验和多个技术开发平台，已获得中国 5 项发明专利、36 项实用新型专利、5 项外观设计专利。

公司已取得 48 项中国民用航空局（CAAC）证书、4 项美国联邦航空局（FAA）TSO LODA（设计批准证书），1 项欧洲航空安全局（EASA）

ETSOA（技术标准规定项目批准证书）；拥有 3 名 CAAC DER（委任工程代表）、2 名 CAAC DMIR（委任制造检查代表）、3 名维修放行人员，是欧洲航空安全局生产组织批准（POA）持证人。公司在适坠性技术和客舱安全技术研究方面，具备较强的能力，是国内重要的研究基地，是美国汽车工程师学会（SAE）航空座椅委员会会员单位，参与制定了多项国际国内适航规章和行业标准。

### 11. 中航工业航宇救生装备有限公司

中航工业航宇救生装备有限公司是我国唯一从事航空防护救生/空降空投装备研制的现代高科技企业，是世界航空生命安全领域主要研发机构之一，隶属于中国航空工业集团公司，是中航机电系统公司主要成员单位之一。

该公司具有雄厚的研发实力，已形成弹射救生装置、个体防护装备、降落伞及汽车座椅调角器、汽车全车锁系列、飞机客舱内饰、航空运动休闲装备、直升机消防吊桶、音视频消防头盔等各专业综合配套、系统集成的研发体系。该公司是中国科学技术协会授予的院士（专家）工作站，技术中心是国家五部委认定的国家级企业技术中心。该公司拥有各类专业技术人员 1000 余人，其中高级职称员工 300 余人，享受国务院特殊津贴的员工 42 人，拥有"航空宇航推进理论与工程"学科硕士学位授予权。该公司自成立以来，大力推进科技创新，先后有 53 项科技成果获得国家级、省级、部级科技进步奖，其中国家科技进步奖 4 项；主持和参与编制了 48 项国家及行业标准，获得有效专利 65 项，在行业中处于领先地位。

该公司具备强大的试验能力，建立了完整的试验验证体系，拥有火箭橇滑轨试验场、大型动态模拟冲击试验室、结构性能试验室、综合环境试验室、全系统功能试验室、大型开口低速风洞试验室等重点试验单元，为航空、航天、兵器及其他高科技领域装备研发提供了重要的试验手段。

### 12. 襄阳博亚精工装备股份有限公司

襄阳博亚精工装备股份有限公司是国家级高新技术企业，主营业务是冶金、有色金属、石油、军工等行业机械零部件、装备、生产线及精密成套设备研发、设计、制造和销售。经过 20 余年的技术积累，该公司共取得 158 项有效专利，在武汉、长沙、西安等地设有研发分部，拥有传动实验室、精密冲压实验室、非标轴承性能验证实验室、冶金行业冷轧精密装备模拟验证实验平台等实验、验证场所。

该公司自成立以来多次被评为襄阳十强民营科技企业、民营企业纳税大户；2005 年被认定为襄阳市知识产权重点保护单位；2006 年获襄阳市科技型中小企业创新奖；2007 年获湖北省科技型中小企业创新奖；2009 年被湖北省科技厅列为重点培育企业；通过了 ISO9001 质量管理体系、ISO14001 环境管理体系和 GJB9001A 国军标质量管理体系认证。

### 13. 襄阳航生石化环保设备有限公司

襄阳航生石化环保设备有限公司成立于 2000 年 8 月，是中航工业航宇救生装备有限公司的全资子公司，是一家以石油化工延迟焦化水力除焦程序控制系统及成套机械设备、环保水处理成套设备、罐车清洗设备与保运业务为主，以航空、航天、船舶工业地面部分试验设备项目为辅的高新技术企业。该公司依托实力雄厚的国有大型企业，拥有高素质的人才、丰富的工程设计和建设经验、雄厚的技术实力，在石油炼制和石油化工、煤液化和煤化工、环境工程与公用工程等诸多领域，为国内外客户提供优质全面的工程服务。该公司能够同时运作大型炼油化工装置设计、大中型炼油化工 EPC（工程总承包）或 PMC（生产及物料控制）项目，并在炼油化工一体化项目上具有独特的优势。

公司联合开发的焦炭塔顺序控制及安全联锁技术通过中国石油化工集团有限公司鉴定；富氧污水净化处理系统通过国家国防科技工业局现场验收；高压水射流清洗设备及系统纳入国家火炬计划；6 千米长世界等级的

高精度火箭橇试验滑轨扩建工程顺利验收，获得多项国家省、部级科技进步奖。

**14. 湖北富亿农业机械制造有限公司**

湖北富亿农业机械制造有限公司成立于 2008 年，位于湖北省宜城市经济开发区（省级开发区）神女路，固定资产投入达 2 亿元，是鄂西北地区快速崛起的一家农业机械、工程机械制造高新技术企业。该公司主要生产和销售"富亿"牌挖掘机、装载机、叉装机、平地机、夹木机、多功能收获机、多种微小型农业机械、多功能烘干机八大类 30 多款系列产品，具有年制造 3 万台农用机械、5000 台工程机械的生产规模。

"富亿"牌产品以创新时尚的设计、精益求精的制造、低耗高效的性能、细致周到的服务、超值实惠的价格，赢得了国内外客户的信赖和支持，产品不仅热销国内，还远销东南亚、中东、非洲、欧洲、南美洲等地区。该公司大力实施"科技强企·人才兴企"战略思想，广纳专业技术人才，成立了农业机械和工程机械两大技术研发中心，为企业科学发展、科技创新提供了坚实的人才和技术支撑。

**（二）专业化技术服务业重点平台**

在专业化技术服务业共选取了 9 家重点平台，其中检验检测平台 4 家，技术研发公司 5 家（见表 2－8）。

表 2－8　　　　　　　**专业化技术服务业重点平台**

| 重点领域 | 领域细分 | 重点平台 |
|---|---|---|
| 专业化技术服务业 | 检验检测 | 国家智能网联汽车质量监督检验中心（湖北） |
| | | 湖北省蓄电池产品质量监督检验中心 |
| | | 襄阳市公共检验检测中心 |
| | | 湖北省氢燃料电池产品质量检验中心 |

| 重点领域 | 领域细分 | 重点平台 |
|---|---|---|
| 专业化技术服务业 | 技术研发 | 襄阳航宇机电液压应用技术有限公司 |
| | | 铁路工程机械国家企业技术中心 |
| | | 湖北回天新材料股份有限公司 |
| | | 低维光电材料与器件湖北省重点实验室 |
| | | 深兰人工智能襄阳有限公司 |

**1. 国家智能网联汽车质量监督检验中心（湖北）**

国家智能网联汽车质量监督检验中心（湖北）由襄阳达安汽车检测中心有限公司建成，是国内首批获准授权的国家智能网联汽车质量监督检验中心。该中心建设原始数据采集平台、数据中心及检测平台、测试工具平台、自动驾驶测试评价平台、自动驾驶汽车运营服务平台五大平台，实现智能联网汽车从整车到系统部件、从实物到仿真、从机械结构到软件系统的全方位关键技术测试，建设成为国内领先的智能网联汽车测试评价与示范应用综合解决方案服务平台。该中心建成智能网联汽车封闭测试区，构建起56种智能网联场景检测测试场景，能够满足工业和信息化部、公安部、交通运输部联合发布的《智能网联汽车道路测试与示范应用管理规范（试行）》规定的自动驾驶功能测试场景、测试规程的要求，形成了完善的整车ADAS（高级驾驶辅助系统）试验测试、自动驾驶试验测试能力，能够开展40余项智能网联汽车的检验项目。

**2. 湖北省蓄电池产品质量监督检验中心**

湖北省蓄电池产品质量监督检验中心成立于2008年，拥有先进的德国迪卡龙蓄电池综合测试仪，美国必测动力电池测试仪，先进的国产贝尔电池挤压机、针刺机、火烧试验机、航天希尔振动台、苏试冲击台、陕西科瑞迪摇摆试验机等，技术能力和装备条件在国内同行业中处于领先地位。该公司自成立以来，相继取得了省级CMA（检验检测机构资质认定）、

CAL（质量监督检验机构认证），国家级 CMA、CAL、CNAS（国家实验室认可）等相关检测资质，承担过科学技术部等重大项目，现为国家动力电池产品质量监督检验中心的筹建主体单位，满足国家标准、行业标准、地方标准的检验要求，以及国际国内各大汽车主机厂如通用汽车公司、美国福特汽车公司、本田公司、雪铁龙汽车公司等 10 多家国内外知名汽车制造厂家的企业标准要求。该公司先后为国有大型电池生产厂家武汉长光电源有限公司、国营红旗蓄电池厂；国有汽车主机厂东风特种汽车有限公司等提供检测服务，积累了大量工作经验，培养了一批蓄电池检验技术人员，在豫、陕、川、鄂、湘周边蓄电池行业有一定的影响与辐射能力。

### 3. 襄阳市公共检验检测中心

襄阳市公共检验检测中心成立于 2019 年，拥有检定、校准、检验、检测仪器设备 2000 余台（件），以及湖北省容量流量计量检定中心、湖北省精密几何量计量检定中心、湖北省新能源汽车产业计量测试中心 3 个省级计量中心。2019 年 11 月，经湖北省市场监督管理局法定计量机构考核，该中心建成长度、测绘、质量、力学、电磁、温度、时间频率、理化、容流量等 12 大类社会公用标准 141 项，取得 276 项检定、379 项校准、5 个定量包装商品检测项目资质。

为加快推进襄阳市"科创中国"试点城市建设，助推襄阳市产业计量测试发展，对接国家级学会科技服务团优势资源下沉，形成襄阳市计量测试核心竞争力，在襄阳市科学技术协会、襄阳市市场监督管理局的支持和指导下，襄阳市公共检验检测中心与襄阳市质量协会整合资源，联合申请建立中国计量测试学会服务站。中国计量测试学会服务站建立后，将在中国计量测试学会的指导下，组织襄阳市计量测试技术人员参加中国计量测试学会举办的计量测试专业技术培训、研讨、进修等专业技术教育工作；积极参与中国计量测试学会组织的新技术新方法新设备应用、科技成果转化、计量测试科学普及等活动，进一步提升襄阳市计量技术实力和科研水平。

### 4. 湖北省氢燃料电池产品质量检验中心

湖北省氢燃料电池产品质量检验中心项目选址高新区检测认证产业园，主要开展对氢燃料电池电堆及模块、发动机系统主要项目、关键项目检验等业务。产品检测领域覆盖电动汽车用燃料电池、燃料电池模块、质子交换膜燃料电池、燃料电池发动机、乘用车燃料电池发电系统、客车用燃料电池发电系统、汽车用燃料电池发电系统、质子交换膜燃料电池发电系统 8 类产品共计 96 项参数。

### 5. 襄阳航宇机电液压应用技术有限公司

襄阳航宇机电液压应用技术有限公司成立于 2000 年，该公司专业从事伺服元件、伺服部件、伺服系统、自动化装备等产品的研发、制造、维修。面对不断增长的市场需求，襄阳航宇机电液压应用技术有限公司于 2013 年投资建设了新厂区，占地 40 亩，开创"航宇智星"品牌。该品牌以"成就伺服技术民族品牌"为愿景，成功研发生产了航宇 HY（F）系列电液流量伺服阀、压力伺服阀、压力流量伺服阀、HYG 系列伺服油缸、HYM 系列伺服马达、HYK 系列伺服控制器、HYZ 系列伺服执行器、HYY 系列伺服油源、HYX 系列伺服系统等光机电自动化产品，广泛应用于兵器工业、航空航天、冶金工业、科学试验、石油化工、轨道交通、智能制造、智能机器人、电力行业、塑机行业等领域。

### 6. 铁路工程机械国家企业技术中心

铁路工程机械国家企业技术中心依托金鹰重型工程机械股份有限公司，突破大型养路机械的模块化系统集成、轻量化承载、节能环保的复合传动、高效节能的液压控制以及基于轨道养护施工等关键技术，深化与铁道科学研究院、武汉大学测绘遥感信息工程国家重点实验室、华中科技大学武汉光电国家实验室等高水平科研院所产学研合作，开展钢轨探伤、铁路综合巡检、钢轨激光选区淬火在线强化、隧道状态检测等核心技术攻关，打造国内外知名的铁路工程机械研发平台。

**7. 湖北回天新材料股份有限公司**

湖北回天新材料股份有限公司依托湖北回天新材料股份有限公司和湖北省新型城镇化工程技术研究中心，与华中科技大学共建粘接密封新材料联合研发中心，搭建高性能胶黏剂、密封胶等新材料创新平台，突破汽车及零部件、轨道交通、5G（第五代移动通信技术）通信、新能源、航空航天等领域用功能型密封新材料技术，建设成为湖北省乃至全国粘接密封新材料创新示范基地。

**8. 低维光电材料与器件湖北省重点实验室**

低维光电材料与器件湖北省重点实验室是依托湖北文理学院和湖北航天化学技术研究所建设成的新型光电材料与器件的机制基础研究、应用基础研究及系统集成应用研究"三位一体"的综合式研发平台，突破光电功能材料与器件电荷输运平衡的共性基础科学问题与高效器件目标导向的关键核心技术，打造汉江流域规模大、功能齐全的光电材料研发中心。

**9. 深兰人工智能襄阳有限公司**

深兰人工智能襄阳有限公司依托深兰科技（上海）有限公司，建设人工智能技术创新平台、人才培养平台、智能制造基地，突破人工智能软件输出、自主硬件设计和制造等关键技术，推动人工智能技术与襄阳主导产业的融合创新，打造汉江流域领先的人工智能赋能产业升级创新平台。

（三）科技推广服务业重点企业

在科技推广服务业共选取了9家企业，其中企业孵化中心5家，众创空间2家，技术转移中心1家，知识产权服务中心1家（见表2-9）。

表2-9 科技推广服务业重点企业

| 重点领域 | 领域细分 | 重点企业 |
|---|---|---|
| 科技推广服务业 | 企业孵化 | 襄城区科技创业服务中心 |
| | | 襄阳市大学科技园 |
| | | 汉江创业创新产业园 |
| | | 襄阳高新技术创业服务中心 |
| | | 襄阳科技城 |
| | 众创空间 | 为兴创业咖啡 |
| | | 湖北文理学院创业 Club |
| | 技术转移 | 国家技术转移中部中心襄阳分中心 |
| | 知识产权服务 | 襄阳市知识产权发展中心 |

### 1. 襄城区科技创业服务中心

襄城区科技创业服务中心成立于2008年，主要为全区科技人员创业提供政策咨询、人员培训、融资平台建设等服务，指导全区科技型中小企业做好国家、省、市创新基金的组织、申报、监理等工作。经过十几年的快速发展，基础设施不断完善，服务能力不断提升，孵化面积达2.58万平方米。该中心2010年被湖北省科学技术厅认定为省级孵化器；2011年被评为省级优秀科技企业孵化器；2012年被评为襄阳市第一批创业示范基地；2013年被评为国家级科技企业孵化器，是全市第二家国家级科技企业孵化器，成为襄阳市重要的科技创新创业基地、科技成果转化平台和科技人才创新创业的集散地。

该中心通过扶持好的创业项目，带动一个团队注册企业，实现产业化发展；帮助企业与高校、科研院所开展合作，让一个持有创新技术的企业尽快将技术转化为实实在在的产品上市。入驻企业湖北智乔信息科技有限公司现已登记六个以上原件著作权，研发并运营掌上襄阳手机 App、襄阳旅游手机 App、相爱吧婚礼网站等多个项目。

### 2. 襄阳市大学科技园

襄阳市大学科技园是襄阳市人民政府批准、襄阳职业技术学院创办的区域性大学科技园，被科学技术部认定为"国家级科技企业孵化器"，被工业和信息化部认定为"国家小型微型企业创业创新示范基地"，被人力资源和社会保障部认定为"全国创业孵化示范基地"，襄阳市大学科技园团队被教育部认定为"全国教育系统先进集体"。该科技园的"意识唤醒—平台晒梦—苗圃孵化—园区启航—区域辐射"五级递进全要素全链条式服务，已累计服务海内外企业1300余家。该科技园成为汉江流域大学师生和回襄、留襄创客首选的创新创业孵化载体。

### 3. 汉江创业创新产业园

汉江创业创新产业园于2015年1月建成并投入使用，致力于打造大众创业、万众创新的孵化基地和汉江流域电子商务的服务先驱，是集产学研、科技成果转化、研发孵化、城市服务功能于一体的示范基地，已经服务200多家企业，培养出了一批襄阳本土的创业创新优秀团队，为襄阳创新创业积极贡献力量。

### 4. 襄阳高新技术创业服务中心

襄阳高新技术创业服务中心1995年11月成立，是以促进科技成果转化为宗旨，为中小型科技企业提供研发、生产场地和相关配套服务的科技企业孵化器。2001年1月其被科学技术部认定为国家级创业中心。

该创业服务中心现有孵化场地5万平方米，其中孵化大楼4万平方米，东湖国际创新基地1万平方米。截至2020年，该创业服务中心累计吸纳科技型企业435家，累计吸纳就业人员24000多名，孵化毕业企业114家，现有126家在孵企业，产业类别涉及电子商务产业、软件及信息服务业、电子信息产业、新能源汽车产业、影视动漫产业等，其中电子商务企业42家，省级电子商务示范企业5家，市级电子商务示范企业21家，高新技术企业 38 家，规模以上服务业企业 14 家，科技版挂牌企业 25 家，拥有专利 115 项，高新技术产品登记 65 项。

该创业服务中心先后获得"国家级科技企业孵化器""国家电子商务示范基地""国家中小企业公共服务示范平台""全国青年创业示范园区""国家大学生科技创业见习基地试点单位""国家创业投资引导基金服务机构""国家创新基金初创期小企业创新项目服务机构"七大荣誉，以及"湖北省双创示范基地""湖北省人才创新创业平台""2014—2016 年省科技企业与培育工程先进集体""湖北省 3A 科技企业孵化器""湖北省中小企业创业示范基地""湖北省创业孵化示范基地""湖北省电子商务示范基地""湖北省创新基金优秀服务机构""湖北省优秀科技企业孵化器""湖北省高校省级实习实训基地"10 项省级荣誉和多项市级荣誉，已成为襄阳市科技创业的吸纳、凝聚点，技术创新的扩张、辐射点，以人才、项目、技术为核心的创新品牌效应逐步显现，创业辅导抚育能力和层次不断提升。

### 5. 襄阳科技城

襄阳科技城是由襄阳高新区兴建的大型科技园区，2011 年 2 月正式挂牌运营，是中国技术创业协会留学人员创业园联盟在全国设立的首家"联盟孵化试点"及湖北省首家科技企业加速器试点。襄阳科技城将以营造创业环境和增强自主创新能力为核心，以综合类园区与专业科技园区相结合为主要模式，将科研、生产与生活、居住社区有机结合，建设高新技术企业孵化器、加速器、科技产业化基地等创新载体，与先进研究机构及科研团队共建了生物技术研发测试平台，与北京航空航天大学、清华大学等高校合作共建了新能源技术等 6 个研究院。

### 6. 为兴创业咖啡

襄阳为兴投资管理有限公司成立于 2013 年，于 2015 年 5 月组建为兴创业咖啡。其以创业辅导服务、商业模式优化服务为主，提供经营场地、政策咨询、专利申请转让、财税服务、创业辅导、融资服务、产权交易、高企认定、投融资对接等"全链条一站式创业创新服务",承接科技孵化器的招商管理运营和服务体系建设,搭建"襄阳创业创新服务网络平台",全面提升创业成功概率。2015 年 4 月,其探索的"全链条一站式创业创新服务"入选人民网"中小企业服务体系建设典型案例"。

### 7. 湖北文理学院创业 Club

湖北文理学院创业 Club 成立于 2015 年,由湖北文理学院资产经营管理有限公司全资子公司襄阳襄大同科孵化器有限公司独立运营。湖北文理学院创业 Club 依托湖北文理学院,并借助湖北文理学院软硬件资源,整合学校、企业、政府部门现有创业创新资源,分别针对在校大学生、高校教师和社会创客群体提供全要素、便利化、市场化、专业化创业创新服务,帮助创客群体激活创业想法,共享优质创业创新资源,助推教师和高校毕业生创办的小微企业快速孵化、成长与壮大,帮助创业创新者"一站式"解决创意、技术、服务及科技成果转化问题,形成全链条创业增值服务体系。

### 8. 国家技术转移中部中心襄阳分中心

国家技术转移中部中心襄阳分中心是湖北省科学技术厅与襄阳市人民政府共同建设的科技成果转移服务平台,是国家技术转移中心布局全国的 11 家分中心之一。国家技术转移中部中心襄阳分中心于 2016 年 6 月 3 日正式开园,是全国首家以科技成果转化为核心的"互联网＋科技"孵化基地。襄阳分中心已经与中科院老专家技术中心、国防生产力促进中心、中国产学研合作促进会成立襄阳工作站;与 100 多家大专院校签订战略合作协议、科技成果 2000 多项、入库专家 2160 名、收集企业技术需求 300 多项。

### 9. 襄阳市知识产权发展中心

襄阳市知识产权发展中心承担专利信息检索、查新,专利咨询服务,专利技术交易，专利信息培训，知识产权战略研究，企业专利专题数据库建设工作。2017 年，襄阳市知识产权发展中心成功获批成为全国专利文献服务网点单位。全国专利文献服务网点是全国专利信息传播利用工作体系的基础节点，是服务创新驱动和经济发展的专利文献支持中心、专利信息咨询中心和知识产权公共教育中心。获批入选后，襄阳市知识产权发展中心进一步发挥自身资源特色和优势，充分发挥专利文献服务网点的作用，为社会公众、创新主体提供专利文献支持、专利信息咨询、公共教育等基础性公益服务，助力创新创业、服务地方经济发展。

## 三、重点项目

加快发展科技服务业，对襄阳市优化产业结构、加快转变经济发展方式、实现汉江生态经济带协同创新具有重要的战略意义。因此，在科技服务业发展迅速和国家大力支持的大背景下，积极推动襄阳市科技服务业的发展，既是"十四五"时期襄阳市产业结构调整的需要，也是未来中长期襄阳市现代服务业发展的重要内容。《襄阳市科技创新"十四五"规划》明确指出，襄阳市要大力提升科技创新能力，加快关键核心技术攻关，推进产业链与创新链深度融合，积极融入新发展格局。襄阳市要加快打造区域科技创新中心，将科技创新势能转化为高质量发展动能，引领带动"襄十随神"城市群发展，支撑湖北"一主引领、两翼驱动、全域协同"建设，辐射汉江流域发展。

### （一）建设湖北隆中实验室

面向湖北省及襄阳市高技术产业、新兴产业及汉江流域生态治理对先进工程材料的迫切需求，武汉理工大学作为牵头单位，联合华中科技大学、湖北文理学院等国内材料领域知名高校院所及行业领军企业，发挥襄阳市在汽车及零部件、新能源汽车、新材料、装备制造等领域优势，高水平建设湖北隆中实验室，聚焦轻质高强先进金属材料、自修复结构新材料、耐高温长航时梯度复合材料等方向，力争攻克材料基础科学、制备技术等关键技术，取得一批重大科技成果，推动一批科技成果产业化，成为国内领先、国际有影响力的前沿新材料创新中心。

## （二）加快突破支柱产业核心技术

把握汽车电动化、网联化、智能化发展趋势，围绕新能源汽车、先进节能汽车部署创新链，提升基础关键技术、基础工艺、基础零部件和基础材料研发能力，构建安全可控汽车产业链，打造国内有影响力的汽车及零部件产业高地。

把握装备制造产业绿色化、高端化、智能化发展趋势，推进航空航天装备、轨道交通装备、智能制造装备、农机装备等领域关键技术的研发及产业化，打造装备制造产业高地。

发展生物育种等农业生物技术，推进农产品加工产业关键技术研发与重大产品产业化，做强全国优质农产品生产加工基地。

突破功率半导体、核心电子元器件、移动智能终端、软件和信息系统等领域关键核心技术，推进5G、大数据、云计算等新一代信息技术创新突破与融合应用，培育新一代信息技术新兴产业集群。

有序发展太阳能、生物质能等新能源，加快储能关键技术及装备研制，发展智能电网等先进电力装备，推进金属功能和结构材料、先进高分子材料、新型无机非金属材料、高性能复合材料、前沿新材料等领域核心关键技术攻关，构建新能源新材料产业创新高地。

把握节能环保产业高端化、融合化、智能化发展趋势，推进先进节能环保装备的研发和产业化，突破资源循环利用等绿色低碳关键技术，引领节能环保产业创新发展。

## （三）积极培育新技术新业态

重点发展机器视觉技术，推进图像识别、生物特征识别、工业视觉检测、视频理解等关键技术攻关；加快新型人机交互、智能信息检索、智能语义理解、深度学习、智能分析决策等关键共性技术突破；加强工业、医疗、教育、交通、农业、金融、物流等领域人工智能应用技术研究。

加强区块链底层技术研究，推进加密算法、高性能新型共识机制、智能合约、分布式系统与储存、跨链技术等关键技术攻关；打造基于自主技术的区块链开源底层平台，发展 BaaS（区块链即服务）云计算平台；支持区块链跨学科、跨领域前沿应用研究，加快区块链技术在司法、税务、跨境贸易、智慧农业、医疗健康等领域的创新应用。

发展"互联网＋医疗"，运用互联网、大数据等新技术推动医疗资源上下贯通、信息互通共享，加快培育医疗大数据、健康咨询、慢病管理、疾病预测、医药电商等新业态；发展"人工智能＋医疗"，研发基于人工智能的临床诊疗决策支持系统，开展远程会诊、远程影像、远程检验等医疗服务新技术应用示范。

引进发展智适应教育，推进人工智能技术在教学教研、学习、评测、管理等教育环节应用，研发自适应课程、机器批改、学习情绪识别等创新产品；发展"互联网＋教育"，开发面向高等教育、职业教育等领域的知识付费产品、5G 直播教育课程。

建设涵盖信息采集、边缘计算、云端协同控制的新型智能交通管控系统，提升交通管理的智能感知、智能认知、智能管控和智能决策水平；发展智慧出行服务，推进新能源汽车在分时租赁、城市公共交通、场地用车等领域的应用；发展汽车后市场在线服务，加快新零售、金融保险、维修保养等业务商业模式创新；推进自动代客泊车技术的研发及应用。

发展"互联网＋高效物流"，培育网络货运、挂车共享等物流运输服务新业态；推进电商物流、冷链物流、大件运输、农产品物流等专业化物流发展，加快物流机器人、智能仓储、自动分拣等新型物流技术装备的研发及产业化；推进多式联运智能集成技术与装备的研发及应用。

### （四）建设公共技术服务平台

以提高创新能力为先导，以强化技术转移为重点，着力打造汉江流域检验检测集聚区，大力推进襄阳市检测认证产业园建设，建成以工程（技术）研究中心、企业技术中心为主体的技术创新平台和以国家级检测中心为配套的检测服务平台，围绕汽车、装备制造、生物医药、新材料等领域引进和培育一批检验检测服务机构，提升检验中心平台功能，支持搭建复合材料、危险化学品等检验检测平台；鼓励新型研发机构、大企业等创新主体围绕主导产业领域建设一批公共技术服务平台，提供试验研究、产品研制、工艺验证、小试生产、技术咨询等服务。

### （五）推进孵化载体专业化发展

完善"众创空间—孵化器—加速器—产业园"创业孵化链条，推动襄阳市创业孵化载体向专业化、精细化方向升级，加快创建一批国家级创业孵化载体；鼓励龙头领军企业建设专业化众创空间，为孵化企业提供产业共性技术支撑及创新资源共享服务；引导孵化器围绕创业企业实际需求，提供定制化的高附加值服务，拓展试验与检测、技术成果评估等创新服务；引进腾讯、阿里巴巴、百度、太库等知名孵化器设立分支机构；引导和支持社会力量参与智慧汽车生态小镇、创意产业园等特色孵化载体建设。

### （六）推进科技创新助力乡村振兴

大力支持"中国有机谷"建设，加快推进乡村振兴科技创新示范基地建设，支持农业科技园区、星创天地、科技特派员创业基地等载体建设与发展，助推产业扶贫；充分运用5G、北斗、物联网、人工智能、大数据等新技术加速农业数字化转型，加强农业全产业链数据采集、分析、应用环节关键技术攻关，探索低成本数字化农业生产解决方案；推进无人机植保、采摘机器人、农机自动驾驶、灾害监测预警、气象保险、智慧温室、云端智能农业管理、农产品安全追溯等智慧农业应用创新。

（七）加强瞪羚和独角兽企业培育

实施瞪羚与独角兽企业培育计划，挖掘和培育一批新技术、新模式、新业态高成长科技型企业；搭建瞪羚和独角兽企业专业化服务平台，组织企业家游学、头脑风暴会、行业交流会等特色活动；举办瞪羚和独角兽企业峰会，邀请国内独角兽企业、知名投资机构参会，鼓励本地企业加强对外交流合作；持续跟踪国内外独角兽企业研发、投资及业务布局动态，重点引进平台型独角兽的分拆业务与孵化企业；到2025年认定瞪羚企业120家以上，实现独角兽企业零的突破。

# 第三章　襄阳市科技服务业发展规划

## 第一节　总体思路与目标

### 一、总体思路

大力实施创新驱动发展战略，围绕科技创新和产业发展的需求，以建设区域科技创新中心为主线，优化襄阳市科技创新布局，集聚高端创新要素，深化科技体制改革，推进开放协同创新，打造具有襄阳特色的创新体系，促进大数据、云计算、移动互联网等现代信息技术与科技服务业融合，提升科技服务整体水平；积极培育市场主体，创新服务模式，加快科技服务业社会化、专业化、网络化发展，努力把襄阳市建设成为全国科技服务业创新发展示范区，成为具有全国影响力的新材料创新极、"襄十随神"汽车产业创新引领区、汉江生态经济带"双碳"科技创新应用先行区和"北部列阵"科技创新驱动高质量发展示范区，为"襄十随神"城市群高质量发展提供有力科技支撑。

## 二、主要目标

到 2025 年，将襄阳市科技服务业发展成为全市现代服务业的重要组成部分，基本形成链条完整、特色突出、布局合理、投入多元的科技服务业体系，科技服务业的地位更加突出，区域创新能力显著增强，辐射扩散能力明显提高，成为建设"科创中国"试点城市的加速器和助推器。

### （一）服务水平显著提升

围绕襄阳市科技服务重点项目，依托国家级创新平台、技术研究中心、重点实验室等项目，打造一批功能齐全、线上线下紧密结合的综合科技服务平台；培育一批新兴服务业态和科技服务集群，围绕创新链布局产业链，进一步提升区域科技创新竞争力，推动技术要素向企业集聚，促进企业技术成果产业化。

### （二）服务机构显著增加

面向科技创新和中小企业科技发展的需求，培育科技服务骨干机构，包括科研机构、高校、高科技企业和公共技术服务平台等，充分汇集科技服务资源，形成一批具有影响力和竞争力的科技服务龙头企业和知名品牌，为区域产业集群提供科技服务。

### （三）产业规模显著扩大

面向区域协同创新和产业发展需要，优化创新生态，强化人才培养，深化科技体制机制改革，健全政策支撑体系，打造创新协同发展示范区，使襄阳市科技服务业产业规模显著扩大，成为促进科技经济结合的重要环节和经济提质增效的重要引擎。

## 三、基本原则

### （一）市场导向，政府推动

坚持围绕市场需求发展科技服务业，统筹发挥政府和市场两个优势、两种作用，整合各类创新资源，积极推动科技服务业集聚区建设，加大政府资金投入力度，鼓励民营资本进入科技服务业，加快科技与经济融合，不断提升科技服务业市场化水平，积极发挥政府在方向引导和政策扶持方面的作用，营造良好、高效的科技服务业发展的市场环境。

### （二）系统规划，统筹推进

提高科技服务业创新发展的引导作用，以构建具有影响力和竞争力的产业链和产业集群为目标，做好科学规划和部署，通过统筹重点项目、重要基地、科技人才、政府政策和创新机制建设，将发展模式研究、关键技术研发和技术成果产业化的全链条布局在襄阳市科技创新体系中，充分依靠地方和部门，全面推动襄阳科技服务业的发展。

### （三）开放共享，协同创新

坚持以开放的思想推动科技服务业创新发展，加强襄阳市各行业、各部门之间的创新协同，加强"襄十随神"城市群之间的创新协同，加强汉江生态经济带城市群之间的创新协同，建立城市群科研机构、高校、高科技企业共享互动机制，推动科学技术服务平台合作建设，实现资源共享、优势互补、协同发展，坚持资源整合与开放合作相结合，使科技服务业成为襄阳市打造创新型城市的助推器。

### （四）重点突破，全面发展

坚持整体推进与重点突破相结合，以建设"科创中国"试点城市为目标，重点发展研发服务、创业孵化、检验检测、技术转移、知识产权等科技服务业，创建基于创新平台的科技服务业新模式和新业态，促进线上线下服务融合，加快科技服务业社会化、专业化、产业化发展，协调供给结构和有效需求，扩大产业规模和市场影响力。

# 第二节　规划实施

## 一、领先发展研发服务业

做大做强研发服务领域，需要定位战略性新兴产业领域提升科技成果转化和辐射水平的基本要求，围绕基础研究、技术研发、成果转化等创新价值链，统筹高端研发创新资源，搭建公共研发服务平台，培育新型研发服务机构，探索研发服务新模式，完善面向产业发展的研发布局。

### （一）找准战略产业关键技术

围绕战略性新兴产业，襄阳市应加快推进突破功率半导体、核心电子元器件、移动智能终端、软件和信息系统等领域关键核心技术，推进5G、大数据、云计算等信息技术创新突破与融合应用；发展太阳能、生物质能等新能源，加快储能关键技术及装备研制，发展智能电网等先进电力装备，推进金属功能和结构材料、先进高分子材料、新型无机非金属材料、高性能复合材料、前沿新材料等领域核心关键技术攻关；把握先进生物技术与信息技术融合发展趋势，推进生物医药、医疗器械等领域核心技术研发和产业化；把握精细化工产业高端化、绿色化发展趋势，突破精细磷化工关键技术，推进硝基类、有机硅类精细化学品的研发及应用；把握节能环保产业高端化、融合化、智能化发展趋势，推进先进节能环保装备的研发和产业化，突破资源循环利用等绿色低碳关键技术。

## （二）整合研发创新资源

统筹科研机构、高校和高新技术企业的科技研发资源，开展科研主体融合发展，提供专业化的研发服务。襄阳市已经先后与华中科技大学、武汉理工大学、华中农业大学、武汉科技大学、湖北工业大学、湖北汽车工业学院等多所高校建立产学研合作机制，全面对接研发创新资源。此外，其鼓励各类政府和企业重点实验室、技术研究中心等创新平台建设，扩大重大科研基础设施和科研仪器的开放使用权限，进一步提升高科技资源的利用效率；吸引国内外研发机构在襄阳建立联合研发中心，聚集国内外创新资源开展技术研发服务活动。

## （三）搭建共享研发服务平台

襄阳高新区于 2020 年发布首批瞪羚企业名单，从企业位置分布看，高新区瞪羚企业群体分布在深圳工业园、高新技术园、汽车工业园、襄阳科技城和襄阳综合保税区等具备产业聚集效应的产业园区；加快建设科技服务产业园，大力引进技术开发、工业设计、质量认证、检验检测、知识产权、人力资源、财务、法律等国内外高端科技服务机构入驻园区，加快培育一批市场化的科技服务机构，构建覆盖科技创新全链条的科技服务体系；支持产业园举办科技大集市和专业论坛，开展科技资源对接、科技服务人员培训等活动；支持中小企业购买第三方科技服务。

襄阳市先后筹建了多家研发服务平台，围绕战略性新兴产业发展和科技创新的需求，依托产业技术研究院和公共研发平台，通过自主研发、合同科研等形式，组织开展行业内共性技术开发和孵化，能够提升产业创新发展的服务能力。

## 二、重点发展科技推广服务业

科技推广服务是襄阳市科技服务业起步最早、发展最快的领域，在科技成果转化、企业孵化、科技金融和科技咨询等领域，成绩显著，正逐步向以高新技术为支撑、科技含量和附加值高的阶段发展，政策环境日益成熟，行业管理逐步规范，服务水平日趋专业。襄阳市应以科技推广服务发展优势为基石，进一步强化该领域的区域影响力和竞争力，提高科技辐射效应和转化水平。

### （一）搭建功能完备的创业孵化服务体系

不断探索企业孵化体系改革，促进襄阳市科技企业孵化机构拓宽服务领域，提升科技企业孵化器的专业化、市场化能力。通过推进众创空间等新型创业服务平台建设，构建集众创空间、孵化器、加速器、产业园区于一体的科技企业创业孵化链条，引导孵化器围绕创业企业实际需求，提供定制化的高附加值服务，拓展试验与检测、技术成果评估等创新服务；引导传统孵化器与新型服务有效融合，盘活创业园区使用效率，提高入驻率，打造各具特色的创客服务平台和创客空间；支持行业领军企业发挥平台优势和产业整合能力，引进腾讯、阿里巴巴、百度、太库等知名孵化器设立分支机构，搭建开放的创业孵化服务平台，为创业者提供"供应链—创投—市场"全链资源支持，衍生创业群体；在新兴技术、创意设计、现代农业、智慧城市、人工智能等领域建设特色专业孵化器，推动各类服务创业机构集聚发展。

鼓励孵化器与大企业、高校、科研院所、天使投资机构、科技服务机构合作，构建全方位、多层次创业服务网络，提供项目诊断、商业模式打磨、产品改进、市场拓展、资本对接等服务；持续开展"隆中对"双创品牌活动，组织汉江创客英雄汇等特色活动，承办全国双创活动周、中国创新创业大赛等大型活动，引导各类创新主体举办创业论坛、商业沙龙、创业大赛等多样化活动；加强创业孵化人才队伍建设，定期开办创业服务人员培训班，提升从业人员专业能力和服务水平。

### （二）打造成熟高效的技术转移服务体系

完善技术交易要素市场，以技术市场服务环境建设促进技术交易规模快速增长，支持技术中介服务机构和企业之间探索新型技术转移合作模式，政企共建"技术转移中心"和"技术交易中心"，加快湖北·汉襄宜国家科技成果转移转化示范区建设，健全以技术交易大市场为核心的技术转移转化服务体系，推动一批具有自主知识产权、技术成熟度高、产业化前景明确的项目落地转化；推进国家技术转移中部中心襄阳分中心建设，构建技术转移专家数据库，瞄准国内有重大影响的科技成果转化项目，给予落地项目重点支持；鼓励在襄央企联合本地领军企业、高校、科研院所共建跨领域、跨学科成果转化平台，促进科技成果就近就地转化。

探索通过合同科研、专利许可、知识产权许可等多种途径实施技术转移转化，积极探索基于互联网的在线技术交易模式，巩固技术交易信息服务平台、技术合同网上登记系统和技术合同网上信息发布系统建设；推进科技成果价值评估体系建设，探索推动技术成果商品化的有效手段，提升技术市场定价服务、技术产权交易信息服务能力；鼓励和引导科技成果进入技术交易市场，通过开展与科技成果相关的推介、挂牌、拍卖、作价入股等形式进行公开交易；加强技术中介机构的专业化、特色化功能和增值服务能力，引导和支持社会第三方机构开展技术转移服务，推动有实力的企业、产业联盟、科研院所等面向市场开展技术商品化等服务，大力发挥科技园服务社会的重要窗口作用，推动高校科研成果面向社会转化。

### （三）健全协同规范的知识产权服务体系

加快创建知识产权强国建设示范城市，实施"知识产权倍增计划"，促进创新成果知识产权化，鼓励企业开展知识产权海外布局，探索建立以运用为导向、以专利导航为手段的高价值专利培育机制；探索建立战略性新兴产业专利导航机制、重点产业知识产权预警机制、重大经济科技活动知识产权评议机制；健全知识产权质押融资风险管理机制，引导和支持担保机构提供担保服务，建立知识产权质押融资风险补偿基金。

加快中国（襄阳）知识产权维权援助中心建设，完善知识产权服务体系，探索设立专利、商标等综合受理窗口及专利、商标等质押登记综合受理点；建立健全审查授权、行政执法、司法保护、仲裁调解、行业自律、维权援助联动的知识产权快速协同保护服务链，推动知识产权维权和行政执法、司法联动，发挥人工智能、大数据和电子存证等技术在知识产权侵权假冒在线识别、实时监测、源头追溯中的作用。

### （四）完善投资融资的科技金融服务体系

大力支持创业投资发展，积极对接湖北科技金融服务"滴灌行动"，建立财政科技投入与社会资金搭配机制，广泛吸纳社会资金，鼓励龙头企业、新型研发机构、孵化器与众创空间、个人等参与风险投资，鼓励国内外天使投资人、创业投资机构针对襄阳市种子期、初创期企业开展直接投资；落实创业投资企业投资抵扣税收等优惠政策，扩大创业投资规模；创新国资创投管理机制，建立健全政府种子投资、风险投资失败容错机制，允许符合条件的国有创投企业建立跟投机制；开展企业创新能力评级，建立以企业创新能力为核心指标的科技型中小企业融资评价体系。

鼓励金融机构探索实施科保贷、投贷联动、债贷结合、选择权贷款等金融服务创新；支持银行业金融机构面向科技型企业开展股权质押、信用贷款、跨境金融等业务，设立服务特定领域的投资基金；推进融资租赁、科技担保等机构发展，探索开展"创投＋租赁"业务；推动"银政企保"合作，建立政府引导、多方参与、市场化运作的科技企业信贷风险分担机制，引导科技金融中心建立科技企业信用评价标准，鼓励商业银行、融资性担保公司；加强科技金融服务平台建设，打造区域性科技金融服务平台，推动科技金融供需双方依托平台开展对接交流。

建立科技型企业上市梯级培育机制，推动符合条件的企业进行规范化股份制改造，鼓励企业在主板、科创板、创业板、新三板等多层次资本市场挂牌上市；支持符合条件的科技型企业利用公司债、企业债、短期融资券、中期票据等工具融资；支持襄阳市企业申报湖北省上市后备金种子、科创板种子企业。

### 三、打造专业检验检测服务业

围绕行业检验检测服务需求，优化公共检验检测资源配置，发展新型检验检测服务模式，加快建设国内领先汽车行业和新能源产业检验检测服务中心。

### （一）不断优化公共检验检测资源配置

围绕重点产业搭建一批融合检验检测、分析试验、标准研制、技术研发、培训咨询功能的检验检测公共服务平台，鼓励和推动检验检测公共服务平台与科技创新公共服务平台联建公用，最大限度发挥资源的综合效益，加强公共检验检测机构信息化建设，运用现代信息技术全面提升检验检测服务水平。

（二）制定统一认证制度和产业标准

构建技术、人才、信息服务平台和配套服务体系，建立与完善促进检验检测服务业发展的各种行业认证和产业标准。

（三）探索新型检验检测服务模式

积极引进和培育一批为企业提供分析、测试、检验、计量、标准化等全链条服务的第三方检验检测认证机构，鼓励社会化资本建设第四方服务平台，探索检验检测服务供需对接模式，推动线上检验检测服务发展，推动检验检测认证机构按照国际规则展开认证结果和技术能力国际互认，推动具备条件的机构转企改制，探索有效的盈利模式，打造国内先进的汽车行业检验检测服务中心。

## 四、提升科技普及与宣传服务业

加强科普能力建设，大力发展公益性科普服务，促进科普工作信息化建设，用信息技术和新媒体等新技术、新方法创新科普理念和模式；鼓励和支持科技馆、博物馆、图书馆等公共场所免费开放，推动高校和科研院所向社会开放非涉密科研设施，鼓励企业、社会组织和个人捐助或投资建设科普基地，引导科普服务机构采取市场运作方式，加强科普产品研发，拓展传播渠道，开展增值服务；融合大数据、云技术和网站集群技术，创新科普工作理念和方式，广泛利用新媒体开展科普宣传和信息服务，推动科普信息化建设；支持各类出版机构、新闻媒体开展科普服务，发挥科普阵地的示范辐射带动作用，积极开展青少年科普阅读活动，加大科学技术传播力度，提高全民科学素质。

# 第三节　政策保障

## 一、协调政府部门功能，推动集聚共享战略

襄阳市科技服务业的发展还处在初级阶段，需要充分发挥政府在战略规划、政策标准、体制改革等方面的引导作用。襄阳市政府应加强对科技服务业规划发展工作的领导，建立由襄阳市科学技术局牵头的"科技服务业发展与规划领导小组"，负责襄阳市科技服务业的总体指导推进工作，建立统筹协调机制，加强与任务相关部门的沟通和协作，推进科技服务业发展中的重大项目，确保各项工作落到实处，提高与各个部门沟通协调的频率和效率，多角度探索联动新机制。

将集聚发展明确为科技服务业发展基本战略，加强与汉江生态经济带城市群和"襄十随神"城市群的合作联动，以更宽的视野推进科技服务业平台共建，加快建设城市群科技创新协同，实现科技资源共享、服务平台共建，切实发挥各类合作联盟作用，降低交易费用，提高知识分享的溢出效应，提高区域科技服务业竞争力，打造区域科技服务业一体化发展先行示范区。

## 二、强化产业政策引导，优化产业发展环境

结合襄阳市科技服务业发展现状，认真贯彻执行《国务院关于加快科技服务业发展的若干意见》（国发〔2014〕49号）和《关于构建更加完善的要素市场化配置体制机制的意见》等政策，加快建立健全政策扶持、行

政管理和科技服务制度相互配合的产业管理体系，完善市场竞争机制和科技服务质量监督机制，完善科技服务业法律法规环境建设，逐步明确各类科技服务机构的法律地位、权利义务、组织制度，加强行业管理与规范。

建设政府科技计划项目的技术转移与扩散制度，加强对科技计划项目的选题和立项、过程、结题验收管理。在选题和立项阶段，实现由单一性项目向集群性项目的转变；在研究中，抓好过程管理，包括绩效评估、竞争淘汰和滚动资助；在结题验收阶段，严格按照合同规定目标进行验收，根据验收成果进行科技成果登记，形成一个系统完整的科技计划项目成果基础数据库，全部或部分向公众开放。

大力推介科技服务示范项目、示范基地、示范机构、科技龙头企业，以及产生重大影响的科技成果和案例；破除行业壁垒，推广科技服务产业负面清单监管模式，加强对技术市场管理、监督和指导，持续推进多层次、多形式的技术转移活动，规范市场行为，完善市场准入，优化营商环境，激发各类科技服务主体活力，构建公平、竞争、有序的科技服务业市场环境。

## 三、拓宽产业融资渠道，落实财税优惠政策

充分调动各方力量和资源，打造多层次、多渠道的融资体系，在研究与开发、创新基金、创新平台等市级科技计划中，加大对现代服务业科技项目的投入，引导社会资金投资现代服务业科技创新；拓宽现代服务业科技发展融资渠道，支持科技服务业企业发行企业债券和融资信托；设立科技服务业发展专项资金，用于经认定的科技服务业创新基地、集聚区、重大项目的基础设施和公共技术平台建设，以及国家重大科技项目配套支持和具有自主知识产权的重大科技成果奖励；加大对科技型中小企业的资金支持力度，支持科技服务业企业孵化器建设，对初创期的科技服务业企业

给予一定的财政补贴，综合运用贷款贴息、经费补助和奖励等多种方式，并提供规模化融资、专业技术支撑、综合性管理咨询等服务。

落实已有的针对科技服务业的税收优惠措施，加大对科技服务业外包企业实施的税收优惠力度；对于非营利性的科技服务机构，经认定后实施统一的减免税优惠；制定和实施针对科技企业孵化器的税收优惠政策，对新技术服务中心、大学科技园，免征营业税、所得税、土地使用税等；企业对科研机构的捐赠性投入并用于科研目的的，可以作为慈善支出，在计算应税所得时予以扣除；针对科技人员的个人所得税给予优惠，对个人的技术转让、技术专利使用费等减征个人所得税；加大税收政策与其他政策的配合力度，专利制度以积极促进成果转化为目的，提高个人分成比例，提高个人研发的积极性和成果的转化率。

## 四、完善人才引进机制，加强人才队伍建设

人力资本是影响科技服务业发展的关键因素，教育体系、支持培训、促进人才流动等政策都对其有明显的促进作用，要紧抓科技服务业快速发展的实际需求，加快引进和培养科技服务领域专业化人才，促进各项人才引进政策对科技服务业的倾斜，采取多种方式和途径培养、引进和开发服务业创新的人才资源；可以采用团队整体引进、核心人才带动引进、项目合作引进等形式，重点引进电动汽车、生物医药、节能环保、新材料、航空航天等襄阳市战略性新兴产业的创新领军人物和科研团队。

加强与襄阳市高校和科研院所的合作，有重点地培养科技型人才，扩大本土科技人才培养规模，在基础条件良好的高科技现代服务业中建立科技服务业人才培养基地，定点培养信息服务、金融保险、中介咨询、现代物流、创业指导、技术成果评估、项目管理等领域高层次复合型专业人才。

　　加强岗位职业培训，积极支持地方和高新园区对科技服务业从业人员开展定期专业技能培训工作，建立科技服务业人才评价体系，不断提高服务业从业人员水平；可以委托行业协会或者技术转移中心具体运作技术经营人才培训基地的建设和技术经营人才的培训、考核、认证、管理等各项工作；面向全市高新技术企业、创新型企业、高新区的提升需求，依托龙头科技服务机构和公共技术服务平台，向企业推荐和派遣科技创新顾问，打造一支实用化的科技创新服务队伍。

# 第四章　区域经济协同创新机制

创新驱动发展是国家层面的经济发展战略，而协同创新成为提高我国创新能力的重要途径。党的十八大报告指出实施创新驱动发展战略。2013年3月，习近平总书记在看望出席全国政协十二届一次会议委员时指出："实施创新驱动发展，是立足全局，面向未来的重大战略，是加快转变经济发展方式、破解经济发展深层次矛盾和问题、增强经济发展内生动力和活力的根本措施。"

## 第一节　相关概念及理论基础

### 一、相关概念界定

#### （一）区域经济

区域经济是一种综合性的经济发展的地理概念。它反映地理位置相对集中的经济体在资源、市场、技术、劳动力等领域的合作和共同开发利用，通过知识和技术的外溢效应、扩散效应和规模效应对各个经济体发展产生促进作用。区域经济的效果不仅体现在经济指标上，而且体现在社会总体经济效益和地区性的生态效益方面。

区域协调发展是各经济主体通过基础设施的统一规划、信息平台的共建以及相关政策的协调制定来聚集产业，形成产业布局与合理分工，加强经济联系的紧密性、内部资源的集聚性和知识技术的外溢性。经济带或城市群的形成，有利于减少重复建设成本，提高资源利用效率，提高技术成果转化率，提升特色产业竞争力和影响力，促进城市经济高质量发展。实现区域经济协调发展，必须坚持科学发展观，确立区域经济社会综合发展目标，借鉴和学习区域生态学、区域经济学、区域社会学和可持续发展等学科成果，建立区域协调发展目标评价体系和区域利益协调机制，坚持和谐共赢的区域经济发展道路。

《中华人民共和国国民经济和社会发展第十四个五年规划和 2035 年远景目标纲要》指出，深入实施区域重大战略、区域协调发展战略、主体功能区战略，健全区域协调发展体制机制，构建高质量发展的区域经济布局和国土空间支撑体系。建立健全区域战略统筹、市场一体化发展、区域合作互助、区际利益补偿等机制。

## （二）协同创新

协同创新是围绕创新目标，以知识增值、技术突破为核心，以人才为中心，多主体、多角度、多层次共同协作，相互配合，优化产品开发过程的创新行为模式。协同创新需要国家层面通过政策引导和机制安排，促进各个创新主体发挥各自的资源优势、技术优势、人员优势，实现创新活动过程中的信息对接和优势互补，加速技术成果转化和技术推广，提高产业化效益水平，提高科技创新能力。

协同创新的概念最早由美国麻省理工学院斯隆中心研究员彼得·A. 格洛尔（Peter A. Gloor）在《群体创造：基于协同创新网络获得竞争优势》

中提出，他认为，协同创新是"自我激励的人员所组成的网络小组形成集体愿景，借助网络交流思路、信息及工作状况，合作实现共同的目标"。国内学者对协同创新的界定，比较有影响力的是彭纪生提出的"技术协同创新"，他从宏观和微观两个层面定义这一概念；严雄从产学研协同的角度提出了"产学研协同创新"的理念，将协同创新的主体定义为企业、大学和科研院所。

国内外的协同创新实践一般包括纵向协同创新和横向协同创新两个方面。纵向协同创新是指制造业对供应商的技术创新提供补贴和技术支持，从而提升技术研发部门的创新意识，降低原材料和零部件的供应成本，实现产业链中各主体互利共赢。横向协同创新是指在企业技术创新具有显著正外部性的情况下，横向企业组成研发同盟，将外部效应内部化。最常见的横向协同创新模式为产学研协同创新，通过知识共享、信任和资本倾斜提高创新活动绩效，合作领域主要集中在重大项目或者重大工程建设，如生物科技、航天工程等，通过建设协同创新平台，聚集科技资源，实现技术同步和系统匹配，加强研发创新主体联合，推动项目和工程高质量实施。

协同创新的有力推行，离不开政策引导和措施保障。国家层面通过专项资金投入加强财政支持，培育具备较强研发能力和技术水平的研发组织，将更多的资源向协同创新平台倾斜。在保障措施上，积极引导社会资金流入协同创新平台建设和发展，形成国家与地方、政府与企业联合共建机制，避免重复建设和研发造成资源浪费；重视和加强人才队伍培养和建设，搭建现有人才与项目的对接平台，吸引和聚集优秀创新人才和技术人才，在保证核心技术安全的前提下，开展广泛的国内国际交流与合作，提高基础学科、新兴产业和前沿领域的研究水平和创新能力。

（三）区域协同创新

2017 年 5 月，在"一带一路"国际合作高峰论坛上，习近平总书记出席开幕式并发表主旨讲话，提出我国愿同各国加强创新合作，启动"一带一路"科技创新行动计划。全球科技进步的历史实践证明，一个地区创新发展的决定性因素不仅依靠科技资源禀赋的丰裕程度，还依靠这一区域对周边地区创新资源的吸附能力和辐射能力，及其开放型创新生态的活力。

区域协同创新，不是狭义的创新主体（产学研）区域之间的协同，而是广义上两个地区或者多个地区在多个行业、多个领域之间进行的长期合作和共同创新。具体来讲，区域协同创新指区域之间甚至国家之间，通过协调各子系统之间的经济、文化、交通、环境等方面的发展速度、规模，实现区域间在科技创新领域的优势互补、互利共赢和协同发展的创新模式。区域协同创新的目的是解决自身发展过程中的制约或局限，区域协同创新的动力既包括由获取最大收益的利益诱导和不断开拓进取的企业家精神产生的内部动力，也包括政府政策引导、市场需求激励和竞争拉动，以及创新主体之间的充分信任所产生的外部动力。

与此同时，区域内部各地区发展不平衡、创新主体利益不一致或者由于利益诉求差别而降低了创新主体互信程度等因素，都可能成为区域协同创新的障碍，限制区域协同创新的合作深度。因此，要实现"1 + 1 > 2"的协同效应，区域各经济体必须在"共振点""共赢点"的基础上，朝着利益一致、措施一体、优势互补、协同发展的方向共同努力，才能享受协同发展带来的互惠成果。

## 二、理论基础

### （一）区位理论

区位理论是研究人类活动的空间分布及其在空间中关系的学说，主要分析经济行为的空间区位选择和空间区位中经济活动的优化组合。区位理论最早产生于农业生产领域，代表人物和代表作是 1826 年德国经济学家杜能和其出版的《孤立国同农业和国民经济的关系》。后来区位理论在经济学家阿尔弗雷德·马歇尔及韦伯的研究下，逐渐转向采取宏观、动态和综合的方法研究区域经济问题。马歇尔对区位理论的研究成果主要体现在对产业集聚问题的分析，他提出了劳动力市场的共同分享、中间产品的投入与分享以及技术外溢三个重要概念，其成为现代区位理论的核心名词。

新兴产业的高速发展、国际性组织和机构的成立，使得世界经济格局发生重大转变，现代区位理论应运而生，对全球经济产生了巨大的指导作用和影响力。现代区位理论的主要代表人物是美国经济学家保罗·克鲁格曼和"竞争战略之父"迈克尔·波特。保罗·克鲁格曼在他的《空间经济学：城市、区域与国际贸易》《地理和贸易》《发展、地理学与经济理论》等代表作品中详细阐述了区位集聚理论，迈克尔·波特发表的竞争三部曲《竞争优势》《竞争战略》《国家竞争优势》，全面探讨了竞争优势、创新机制、产业集聚等话题，将区位理论推向西方经济学理论研究热潮。现代区位理论的成果之一是提出了规模经济、外部性、区位竞争等对当今经济管理学科影响深远的概念，并在延伸产业的支撑作用、自然资源、运输成本、对外投资、社会文化、企业家精神、历史文化传统等因素对区位的影响方面形成了重要研究成果。

## （二）协同理论

战略管理的鼻祖伊戈尔·安索夫首次提出协同的概念，从企业战略层面提出协同后的企业整体价值大于单个价值之和。后来在多位学者的研究和探索基础上，德国斯图加特大学教授赫尔曼·哈肯于1977年系统地阐述了协同理论，并创立了"协同学"。协同理论以现代科学的理论成果为基础，包括系统论、信息论、控制论、突变论、统计学等，通过跨越不同领域和学科的分析，探讨开放系统在非平衡状态且与外界有物质或能量交换的环境下，如何通过内部协同，实现空间、功能、目标上的有序排列。

协同具有普遍适应性，是现代企业生产管理的必然要求。无论是自然科学还是社会科学，如物理学领域流体动力、化学领域各种螺旋的形成、人文地理领域城市发展的繁荣与衰退、社会学领域舆论的形成机制等问题，都无不体现了协同的作用力。因此，将协同理论作为企业经营管理的理论基础，可以提供全新的思维模式和理论视角，充分发挥协同的正的外部效应，降低协同过程中各种摩擦和离散产生的负的外部性。

随着社会科学研究的不断深入，协同理论在经济体或者企业经济管理活动中得到广泛应用，因为协同理论重点阐述和研究的协同效应是客观存在的现象。协同效应是协同作用的结果，是在开放的复杂系统中，大量子系统整体功能大于各个子系统独立功能的综合，无论是在自然界还是社会体中，在集聚形态达到一定程度时，这种相互之间的协同作用就会产生。在企业经营管理的过程中，由于受规模、资源、技术等约束，能力和意识往往受到限制，在战略性新兴产业或创新活动领域，这种限制作用十分明显。而通过协同网络合作，可以促进企业之间的信息资源共享，降低成本、分摊风险、提高效率，从而实现整体效应最大化。

## （三）创新理论

学者对创新概念的研究最早是从技术与经济相结合的角度，探讨技术创新在经济发展过程中的重要作用。创新理论的代表人物是被誉为"创新经济学之父"的美籍奥地利经济学家熊彼特，1912 年，其在《经济发展理论》一书中首次提出"创新"的概念，并将创新视为现代经济增长的主要驱动力。熊彼特认为的创新就是"建立一种新的生产函数"，将从未使用过的生产要素和生产条件的"新组合"引入生产体系，创新的过程就是不断打破原有组合模式和均衡状态的过程。在熊彼特的论述中，经济发展要想螺旋上升，就必须不断打破原有均衡状态，而打破均衡的力量就是创新。熊彼特指出，创新的五个方面分别是产品创新、技术创新、市场创新、资源配置创新和制度创新，而创新的主体是企业家。企业家的职能不仅在于经营和管理企业，企业家还要有创新精神和意识，这是评价一个管理者是否具备"企业家精神"的重要指标，一个国家只有拥有一支具备创新精神的优秀的企业家队伍，才能培育出实力雄厚、国际竞争力强、发展前景良好的民族企业。

自熊彼特提出技术创新理论以来，学术界进一步研究，形成了新古典学派创新理论、新熊彼特学派创新理论和制度创新学派理论等流派，发展了创新理论的内涵和外延。新古典学派创新理论的代表人物有索洛、哈罗德等，该学派从技术创新和经济增长的关系出发，提出了新古典经济增长和内生经济增长理论，强调政府在经济发展过程中的干预作用。新熊彼特学派创新理论的代表人物有曼斯菲尔德、弗里曼等学者，他们坚持熊彼特的创新理论，强调了创新过程中技术的核心地位，重视企业发展中的技术创新，明确了技术对科技的依赖性，提出科技创新的概念。制度创新学派的代表人物有戴维斯和诺斯，其研究了技术创新过程中巨大的外部效应，强调通过制度建设，引导个人创新收益提升，激发个人和企业技术研发的积极性，从而最终促进社会技术创新。制度创新学派首次提出"国家创新体系"的概念，强调政府公共部门在新技术的创造、引进和扩散过程中发挥的重要作用。

### （四）创新生态系统理论

"生态系统"一词最早由英国生态学家坦斯利提出，是指在自然界中生物和环境形成的有机整体的物理系统，生物和环境相互制约和影响，并在一定时期内保持动态平衡状态。"生态系统"随后被各学者运用到经济管理、项目建设、战略制定等领域，成为社会学科热点研究视角，许多企业将这一概念引入企业管理和发展战略规划。

创新生态系统的主体是多方的、立体的。所有在创新活动中产生作用的组织、机构或个人都是该系统的主体，包括政府监管部门、技术研发部门、金融机构等，这是创新生态系统区别于产业集群或市场需求网络等供给或需求单向主体等概念最重要的特征。同时，一个良好的创新生态系统不仅需要内部主体的最优配置，还需要保证与外部环境（经济、社会、文化等因素）的动态匹配。

创新生态系统的构建往往是围绕核心企业或技术平台的搭建而设计的。通过核心企业或者技术平台建设，形成集聚合力的路径和渠道，供生态系统内所有参与者实现资源和信息高效流动和合理配置，成为创新生态系统的核心。与此同时，创新生态系统不应是存在明确边界的封闭系统，而应是具备动态性和包容性的开放系统，系统内的创新技术和人才可以实现充分流动，不断更新迭代和补充，从而加速创新生态系统优化。

创新生态系统是创新理论新的研究角度，将生态系统的概念运用到创新理论体系中。有关创新原则、创新模式、创新手段、创新能力培养等领域的研究成果日益丰富，而创新活动不是独立存在的，必须依托复杂多变的社会环境和经济行为。因此，构建创新生态系统是创新理论研究的新课题，已经成为企业在激烈多变的国际市场环境中获得战略性竞争优势的重要手段，更加注重外部效应的优势互补，更加强调利益关联者之间互利共赢的关系，通过建立战略联盟和共享平台实现非零和博弈。

# 第二节　区域经济协同创新体系的构建

## 一、区域经济协同创新制度建设

要想实现区域经济协同创新发展，就要实现区域内体制、机制的协同创新，依法推进制度治理能力现代化，建立良好的制度协同和秩序协同。协同创新的制度建设，一方面需要协同治理，推动能源结构、产业结构和技术结构调整，另一方面要平衡区域内各经济体之间的经济和技术落差，当经济体之间经济技术水平相对均衡时，协同创新机制才能更好发挥作用。具体来讲，区域经济协同创新制度建设主要包括以下几个方面。

## （一）加强区域协同机构建设

要充分实现区域经济内各经济体的协同合作，可以设置泛区域性管理机构，建立统筹协调机制，统一在科技创新领域的战略部署，并赋予其发展规划、决策和管理的职能。该机构的基本职能主要包括：制定区域经济科技创新、技术研发的中长期发展规划；统一管理专项基金或相关部门区域创新资源使用；组织跨区域重大项目的开发合作，营造良好的创新生态系统；监督审核区域合作的执行进度和执行效果。在加强协同机构建设的同时，充分利用行业协会等非营利性中间组织，授权其完成技术标准制定、创新成果转化统计等相关工作，并及时反馈市场动态和经济参数等相关指标给政府有关部门，加强信息的交流和反馈，优化科技创新的资源配置，避免重复研发投入，提高政府政策制定的时效性和精准性，促进区域协同创新效率提升。

## （二）建立信息交流与协调制度建设

信息的传播和获取是创新活动的基础，因此建立高效信息交流制度，是实现区域协同创新的有力保证。创新主体一方面需要从外界获得创新所需的信息来保证创新方向的正确性和创新资源的稳定性，另一方面需要强调内部自身人员的信息共享和知识转移，确保创新活动顺利推进。为保障区域经济体在认可的协议框架内实现协同创新，需要加强区域内技术信息和科技信息互通和流转，建立通畅的技术信息交流平台，由泛区域管理机构定期就技术创新重大项目和合作方式，组织各地方政府相关部门进行交流与协调，并及时反馈在各地区技术创新活动中。

协调强调的是全局下和政体中多方面、多层次的动态平衡和结构优化，拓宽发展空间、加强薄弱领域、增强发展后劲。在区域合作中协调发展，涵盖了整体协调、产业协调、资源协调等方面。基于区域经济协同创新的发展共识，制定中长期发展规划，建立技术创新信息交流平台，建立联动机制，多沟通、多合作，确保创新资源等在创新生态系统内无障碍流通和对接。

### （三）建设利益共享和补偿制度

高效的区域合作必须建立在科学、公正的"利益共享和补偿机制"基础之上。区域合作的出发点是通过实现"1＋1＞2"的效果，打破自有的资源和市场限制，重新调整各地方的创新优势，形成合理的产业布局和分工体系。在合作过程中，由于各地方经济发展阶段和产业优势不同，必然造成在合作中优势方凭借自己的优势地位，不断发展壮大自己的产业优势；而经济发展和产业优势较弱的一方必然要重新定位自己的产业，甚至从某些产业中退出。这就需要在地区合作中建立科学、平等的补偿机制，实现利益共享，各方利益最终达到平衡。否则，这种区域经济合作不可能长久，协同创新也无从谈起。

## 二、区域经济协同创新平台建设

创新平台是由科技创新活动所必需的科技基础设施和公共信息网络所构成的科技创新公共服务系统，通过共享创新资源和信息，实现科技创新资源合理配置，实现技术研发和成果产业化有机结合，提高科技创新转化率，实现区域经济科技进步和社会经济高速发展。区域经济协同创新平台并不是把各区域独立的创新平台进行简单串联，而是在区域内各创新平台的基础上，创建创新生态大系统，在区域创新主体（政府、科研机构、科技中介组织、高校）的协同合作下，将区域内各自独立的创新平台有机耦合成一个范围更大的协同创新系统，通过公共服务、研发测试等科技活动，整合并配置区域经济内的创新资源，推动科技资源高效流动，实现区域创新主体协同创新，促进区域经济高质量发展。

## （一）区域协同创新平台建设基本原则

### 1. 注重各区域发展实际情况

区域经济协同创新平台建设要注重与区域经济发展的和谐统一，针对区域各地区经济和科技发展的特色和优势，突出区位优势和产业优势，大力培育和促进对各地方经济和产业发展有促进作用的科学技术，推动区域地方经济和优势产业高速发展，不断提升区域经济的整体竞争力，持续推进协同创新活动。

### 2. 实现有效对接

区域协同创新平台建设必须坚持以扶持产业发展、促进地方经济为目标，围绕新兴产业、高科技产业和区域社会经济发展中存在的技术瓶颈，设计科学、联动的协同创新平台，实现创新资源有效对接，使科学技术投入能够更好服务于产业发展和地方经济，推动区域科技创新能力提升和区域产业结构优化升级。

### 3. 提高共享性和灵活性

区域协同创新平台的建设是建立在利益共享和协同的基础之上的，只有实现充分共享和协同，才能推进区域合作的长效性。因此，在平台建设上要打破区域壁垒和沟壑，破除狭隘的以自我价值为中心的意识，建立起互利共赢的思维和合作理念，充分实现创新资源的市场导向机制，提高资源流动的灵活性。

## （二）区域协同创新平台类型

### 1. 基于研发服务的协同创新平台

在科技创新活动中，新技术或新产品研发是创新能力的直接表现，各地政府都非常重视本地研发投入和研发水平，也不断加强自身的研发平台建设，因此，区域经济协同创新的最重要协同点就是研发平台的协同。研发平台建设主要包括依托高校和科研机构建设的研发中心、依托企业研发部门设立的研发中心和依托政府财政建设的专项研发中心。基于研发服务的协同创新平台需要对各个研发主体进行充分引导，加强合作。

### 2. 基于技术产业化的协同创新平台

技术产业化主要是地方政府通过企业孵化器和科技园区的形式，通过提供企业发展所需的资金支持和政策支持，将技术研发推向市场，产生经济效益，帮助和扶持一批科技创新企业成长和发展。技术产业化的主体依托政府引导和支持，因此地域色彩十分浓厚。要实现技术产业化的协同创新，必须使企业孵化器和科技园区的投资主体多元化，吸纳雄厚的民间资本，实现技术产业化主体融入市场化运营机制，降低扶持对象的市场成本，提高企业孵化器和科技园区运行质量，高效发挥技术产业化的功能和价值。

### 3. 基于公共服务的协同创新平台

公共服务主要涉及信息共享、技术转移、知识产权服务等。基于公共服务的协同创新平台最大限度发挥了知识和技术的外溢效应，为众多科技创新企业提供信息、技术开发、管理、咨询、融资等领域服务，是基于研发服务的协同创新平台和基于技术产业化的协同创新平台的有力补充。而基于公共服务的区域协同，就是要最大限度实现信息互通和资源共享，从而加强公共服务的质量和水平。

## 三、区域经济协同创新评价体系建设

对区域协同创新的程度和能力需要适时跟踪、检测和评价，以便及时对协同创新的形式和领域进行调整，这就需要构建一个科学、全面的区域经济协同创新评价体系，并以评价结果为主要依据，为政策引导方向和工作重点调整提供决策参考。国内学者在区域经济协同创新评价体系上的研究还不成熟，没有形成具有权威性和大范围推广的评价指标体系，综合多位学者的研究成果，主要的评价指标包括以下几个方面。

### （一）区域创新能力

区域创新能力是区域协同创新的核心评价指标，如果没有创新能力，协同创新也就无从谈起，判断协同创新质量的高低，最核心的指标就是对区域内各经济体创新能力的提升作用。区域创新能力的提升程度可以从研发人员数量、研发经费投入、研发项目课题数量、发明专利数量、技术发明获奖数量和级别、专利所有权转让总量以及技术市场成交总额等多个角度去评价。如果协同创新后，区域内各经济体的创新能力有了显著提升，则区域协同创新工作是有成效的，应该继续深化交流与合作。

### （二）区域协同能力

区域协同能力是区域协同创新的本质，没有协同，就谈不上区域合作。区域协同能力建立在突出的创新能力基础上，有效协同可以极大提升区域经济的创新质量和创新速度。区域协同的程度可以从区域开放程度、产业开放程度、产业合作深度、创新要素互补程度和创新要素流动强度等多个角度去评价，在这些指标上开放领域越宽泛，要素流动性越强，表明区域协同程度越高，区域协同能力越强。

## （三）政府监管能力

政府监管能力是区域协同创新的重要保障。区域创新合作归根结底是政府层面的合作，政府出台的相关配套政策越完善，对区域协同合作的引导和监督作用就越突出。政府监管政策主要是对区域合作方面的政策文件和对区域创新方面的政策文件。政府不支持创新活动，区域协同创新就是无本之木；不支持区域合作，创新就无法实现真正协同。政府只有两手抓，两手都要硬，相关政策出台的数量越多，对协同创新的指导意见越详尽，监管能力越强，区域协同创新的保障就越强。

## （四）环境支撑能力

良好的市场环境和社会环境是区域协同创新的有力保证。良好的市场和社会环境对区域协同创新的促进作用主要表现在两个方面，一是对区域创新能力的保证，二是对区域协同能力的保证。市场和社会环境主要涉及经济发展水平、社会和文化环境、通信网络和交通环境、教育和科技环境，既有宏观环境，也有微观环境；既有客观环境，也有主观环境。例如，人均地区生产总值、人均收入水平，高校数量，科技馆和图书馆设备、藏书总量、文献总量，光缆铺设总长度，高新技术企业总量等。市场和社会环境越优化，环境支撑能力越强，对区域协同创新的促进作用就越显著。

# 第三节　区域经济协同创新的经验借鉴

## 一、京津冀区域协同创新

京津冀城市群是中国"首都经济圈"，包括北京、天津两大直辖市，河北省11市和河南省安阳市。其中，北京、天津、保定、廊坊为中部核心功能区，京津保地区最先联动发展，河北雄安新区后来居上。习近平总书记2014年提出，实现京津冀协同发展，是面向未来打造新的首都经济圈、推进区域发展体制机制创新的需要，是探索完善城市群布局和形态、为优化开发区域发展提供示范和样板的需要，是探索生态文明协调的需要，是实现京津冀优势互补、促进环渤海经济区发展、带动北方腹地发展的需要，是一个重大国家战略。党的十九大报告明确指出，以疏解北京非首都功能为"牛鼻子"推动京津冀区域协同发展，高起点规划、高标准建设雄安新区。

京津冀地区是我国科技资源丰富的区域之一，在发展过程中也曾存在创新资源配置不均、科技成果转化不足、协同互动不够等问题。自京津冀协同发展战略实施以来，区域内各级政府部门携手发力，出台了一系列政策措施，探索紧密互动的工作机制，建设了一批协同创新平台，促进大量科技成果落地，推动了各类创新资源和要素加速合理流动。在设计布局上，构建以共同体为核心理念的协同创新格局；在实践中，通过工作机制联动、科技资源共享、创新平台共建，实现发展互利共赢。

通过共建科技园区，截至2020年年底，保定中关村创新中心入驻企业达250多家，园区企业累计研发投入超过1亿元；中关村海淀园秦皇岛分园积极探索利益分享模式，引导 120 多个项目顺利落地，成为承接中关村海淀园项目的高效载体；北京·沧州渤海新区生物医药产业园成为全国唯一一家北京转移医药企业由北京市延伸监管的园区。此外，京津冀通过共建创新基地、转化基金、创新联盟、技术市场等合作形式，提高京津创新资源辐射外溢效应，摸索出一批创新模式和机制。京津冀协同创新主要成绩如表 4-1 所示，随着"京津研发、河北转化"模式下科技成果不断加速落地，京津冀三地共赢的同时，推进了区域内研发机构、转化平台和企业三方共赢。

表 4-1　　　　　　　　　京津冀协同创新主要成绩

| 指标 | 研发经费占GDP 比重（%） | | SCI、SSCI 和 A&HCI论文数（篇） | | 专利申请（件） | | 技术交易额（亿元） | |
|---|---|---|---|---|---|---|---|---|
| 年份 | 2013 | 2019 | 2013 | 2019 | 2013 | 2019 | 2013 | 2019 |
| 数值 | 3.22 | 4.19 | 171177 | 238743 | 171248 | 408327 | 34.91 | 251.34 |

从 2013 年到 2019 年，京津冀地区协同创新成绩斐然：研发经费占GDP 比重上升；创新产出迅速增长，高科技论文成果和专利成果不断涌现；专利申请量不断提高；技术合作网络日益完善，技术交易额攀升，技术合作和转移显著加强，技术交易额增长了 620%。

与此同时，京津冀地区基础设施一体化水平不断提升，创新服务能力显著增强，有力支撑区域协调创新发展。京津冀地区高速公路网络骨架基本形成，环京津地区高等级公路基本实现全覆盖。高铁网络建设进展顺利，"轨道上的京津冀"初步形成，随着铁路网建设不断完善和优化，呈放射状的京津冀轨道交通运输新格局初步形成，实现了区域内各市、县之间串联衔接。截至发稿前，累计超过 12 亿人次享受到了京津冀交通圈的便利。北京作为全国科技创新中心、金融管理中心、大型金融机构总部、国内外金融机构和组织聚集地，强大的金融实力为科技发展提供有力的资本支撑。

## 二、粤港澳大湾区协同创新

粤港澳大湾区国家战略自提出以来，一直都是社会各界关注的焦点，无论是人口还是经济总量，粤港澳大湾区都具备与世界级湾区竞争的基础。改革开放以来，粤港澳三地在科技合作方面已有良好的合作基础，通过协同创新，促进各种生产要素在湾区城市之间快速、便捷流通，打造全球创新高地，全面建设粤港澳创新共同体，是粤港澳大湾区高质量发展的重要内涵之一，肩负着打造国家一流湾和世界级城市群，带动泛珠三角区域发展的重任，未来建设前景广阔，成为驱动我国经济增长的又一巨大引擎。粤港澳大湾区协同创新主要成果（2015—2019 年）如表 4 -2 所示。

表 4 -2　　粤港澳大湾区协同创新主要成果（2015—2019 年）

| 指标 | 发明专利总量（万件） | PCT 专利数量（万件） | 同族专利（万件） | TOP500 优势创新机构（家） |
|---|---|---|---|---|
| 粤港澳大湾区 | 128.76 | 10.33 | 203.5 | 500 |
| 珠江东岸 | 75.51 | 8.43 | 110 | 252 |
| 珠江西岸 | 49.50 | 1.36 | 90 | 218 |
| 港澳 | 3.75 | 0.54 | 3.5 | 30 |

2015—2019 年粤港澳大湾区各项创新成果突出。其中，"计算机、通信和其他电子设备制造业""科学研究和技术服务业""高校和科研院所""信息传输、软件和信息技术服务业""电气机械和器材制造业"是粤港澳大湾区优势创新机构数量较多的五大行业，数量占比均超过 10%。

粤港澳大湾区具备建设国际科技创新中心的良好基础，但与国际一流湾区相比，仍存在科研机构研发能力不突出、关键核心技术受制于人等短板。为弥补原始创新及核心技术上的短板，广东携手港澳，加快建设以广深港澳科技创新走廊为主轴的大湾区发展创新极，共建综合性国家科学中心。近几年，"国家大科学装置 + 广东省实验室"的组合正在珠三角加速布局、落地，如东莞的"中国散裂中子源 + 松山湖材料实验室"，惠州的"强流重离子加速器 + 先进能源科技广东省实验室"……国之重器与省实验室的协同集聚效应初显，扬大湾区成果转化之长、补大湾区科技研发之短，有力助推粤港澳大湾区战略性新兴产业崛起。

粤港澳三地大胆创新合作模式，实现粤港澳大湾区融合创新发展，广深、广佛、深莞、港深、澳珠是粤港澳大湾区内创新合作极为紧密的城市组合。珠海将粤澳合作产业园余下的 2.57 平方千米土地按"澳门特区政府牵头，横琴新区全力配合，琴澳双方共同参与"的方式重启招商，重点瞄准高新技术产业和人工智能、生物医药、数字经济等战略性新兴产业和高端服务业。截至 2020 年，广东已在新材料、人工智能、生物医药等领域与港澳合作新建 10 家联合实验室；同时完成了 3 批共 10 家省实验室布局，吸引了 8 家香港科研机构、41 位港澳科学家前来合作。

## 三、长江经济带区域协同创新

长江经济带覆盖上海、江苏、浙江、安徽、江西、湖北、湖南、重庆、四川、云南、贵州 11 个省市，面积约 205.23 万平方千米，人口和生产总值占比均超过 40%。推动长江经济带发展，是关系国家发展全局的重大战略，2016 年，中共中央、国务院印发《长江经济带发展规划纲要》，明确了长江经济带发展的目标、方向、思路和重点。

长江经济带各省市的"十三五"发展规划都把"创新驱动发展"放在极其重要的战略布局中，并围绕培育新经济、推动产业转型升级，提出了一系列非常积极的项目布局和政策创新。但在各个省域规划及项目布局层面，地区间协同创新布局规划较少，主要原因是各省市经济和技术发展水平参差不齐。总体来讲，长江中下游地区的创新能力高于中上游地区：上海市、江苏省协同能力和环境支撑优势明显，但组织保障力度一般；浙江省创新能力强，但协同能力较弱，限制了其在区域内协同创新的能力；其余地区的创新能力较江苏、浙江和上海市存在差距。

2016 年中国长江论坛上，上海社会科学院副院长王振在充分调研长江经济带城市发展现状的基础上，提出构建分层协同的区域创新体系，把 50 个城市分成 5 个层次，分别是领先城市上海；核心城市南京、武汉、苏州、杭州；重要城市 13 个，包括长沙、合肥等；节点城市 18 个；一般城市。建立分层协同体系后，从科技研发创新、创新要素市场、创新驱动发展三个方面，构建分层协同的区域创新体系。

科技研发创新的分层协同，要充分发挥上海在科技创新中的领头羊作用；建设长三角城市群、长江中游城市群和成渝城市群，有利于支撑整体经济带产业集群建设；构建创新合作联盟，包括前沿科研院所创新联盟、高新技术项目共建共享联盟，以及创新公共服务平台对接。

创新要素市场的分层协同，从以省会城市为引领的省域要素市场的统一，到以核心城市为引领的泛区域、城市群的要素市场的统一，再到长江经济带整体要素市场的统一，形成在全国范围内具备强影响力的要素市场。

创新驱动发展的分层协同，首先以领先城市、核心城市为整个创新驱动发展的核心区，围绕各个城市群、一般城市展开合作互通，形成区域经济协同创新；其次以国家级新区和园区建设为抓手，带动城市群内各产业集群转型升级和园区协同创新；最后以区域内各省市创新型大企业为引领、中小企业为跟随进行产业链协同创新。

结合长江经济带各省市产业优势、区位优势和技术优势，应大力发展数字经济基础设施项目，聚焦工业新兴优势产业链，突破一批关键核心技术；培育发展电子信息制造、软件、5G、大数据、人工智能、区块链、工业互联网、移动互联网、网络安全等专业园区；推动中国（湖北）自由贸易试验区、中国（湖南）自由贸易试验区与江西内陆开放型经济试验区合作建设，在制度创新、产业发展、共建园区、中欧班列等方面深化合作。

# 第五章　襄阳市区域经济发展规划

2020 年，中国共产党湖北省第十一届委员会第八次全体会议通过了《中共湖北省委关于制定全省国民经济和社会发展第十四个五年规划和二〇三五年远景目标的建议》。该会议提出优化区域发展布局，推进区域协调发展，主动服务和融入共建"一带一路"、长江经济带发展、促进中部地区崛起、长江中游城市群建设等国家倡议、战略，紧扣一体化和高质量发展要求，着力构建"一主引领、两翼驱动、全域协同"的区域发展布局，加快构建全省高质量发展动力系统。

从"一主两副"到"一主两翼"，"两副"是点，"两翼"是面；"两副"着眼稳定性，"两翼"着眼协调性。从以"城市点轴式"发展模式提升为城市群块状组团、辐射带动模式，以襄阳市、宜昌市两个省域副中心为"两翼"的重要引擎，形成"雁阵效应"。"宜荆荆恩"城市群与"襄十随神"城市群，一南一北，构成支撑全省高质量发展的南北列阵，形成"由点及面、连线成片、两翼齐飞"的格局，武汉市、襄阳市、宜昌市的"一主两翼"城市群将被打造成全省经济"金三角"支撑带。

在全新区域发展战略布局下，襄阳市未来的发展被寄予厚望。湖北省"十四五"规划支持襄阳市加快建设省域副中心城市、汉江流域中心城市和长江经济带重要绿色增长极，引领"襄十随神"城市群发展，推动制造业创新发展和优化升级，打造国家智能制造基地、国家现代农业示范基地、全国性综合交通枢纽、区域性创新中心和市场枢纽。

# 第一节　汉江生态经济带战略

汉江是长江最长的支流，全长 1577 千米，流域面积 15.9 万平方千米。汉江生态经济带涵盖湖北、河南、陕西三省部分地市（县区），是长江经济带的重要组成部分，也是我国重要的生态保护区和水源涵养地。汉江流域自然资源丰富、经济基础雄厚、生态条件优越，是我国重要的粮食主产区，历史上是我国西部高原通往中部盆地和东部平原的五大走廊之一，现在是连接长江经济带和新丝绸之路经济带的一条战略通道。

2018 年 11 月，国家发展和改革委员会发布《汉江生态经济带发展规划》，为增强汉江流域经济发展动力，统筹推进"五位一体"总体布局和协调推进"四个全面"战略布局，以供给侧结构性改革为主线，主动融入"一带一路"建设、京津冀协同发展、长江经济带发展等国家重大战略，加快生态文明体制改革和产业结构优化升级提供有力支撑，也标志着汉江生态经济带建设正式成为区域经济发展的重要布局。汉江生态经济带重要城市有汉中、安康、十堰、襄阳、南阳、荆门、孝感、武汉和江汉三市等。

《汉江生态经济带发展规划》指出，围绕改善提升汉江流域生态环境，加快生态文明体制改革，推进绿色发展，着力解决突出环境问题，加大生态系统保护力度，大力发展高效生态农业、先进制造业和现代服务业，加快产业和人口集聚；围绕推动质量变革、效率变革、动力变革，推进创新驱动发展，加快产业结构优化升级，进一步提升新型城镇化水平，到 2025 年，战略性新兴产业形成一定规模，第三产业占地区生产总值的比重达到 50%。

# 一、汉江生态经济带城市群基本情况

## （一）汉江生态经济带湖北段

汉江湖北段涵盖了汉江的上中下游，占全长的 55.25%，流域面积约占全省总面积的 33.89%，流域面积 6.3 万平方千米。其中，干流丹江口以上为上游，流域面积 2.12 万平方千米；丹江口至钟祥为中游，流域面积 2.48 万平方千米；钟祥至汉口为下游，流域面积 1.70 万平方千米。

改革开放以来，历届省委省政府高度重视湖北汉江流域综合开发。2019 年湖北省发展和改革委员会印发《汉江生态经济带发展规划湖北省实施方案（2019—2021 年）》，推进湖北汉江生态经济带高质量发展。

2015—2019 年汉江生态经济带 GDP 变化时间序列如图 5-1 所示，汉江生态经济带的经济总量近几年来一直保持着增长的态势，在 2019 年年末，湖北汉江生态经济带的 GDP 总量已经达到了 30910.82 亿元，虽然增速有所下降，但是仍保持在较高水平，在 8% 左右。截至 2019 年年末，经济带内人均 GDP 约为 90754.2 元。

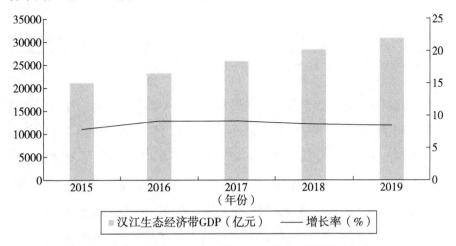

图 5-1　2015—2019 年汉江生态经济带 GDP 变化时间序列

2021 年汉江流域湖北主要城市经济指标如表 5-1 所示，在国家积极推行西部大开发和中部崛起的战略背景下，汉江生态经济带的发展速度持续增长，发展潜力仍然有待发掘。

表 5-1　　　　　　　2021 年汉江流域湖北主要城市经济指标

| 城市 | 地区生产总值（亿元） | 社会消费品零售总额（亿元） | 地方一般公共预算收入（亿元） | 出口总额（亿元） | 当年实际使用外资金额（万美元） | 城镇常住居民人均可支配收入（元） |
|---|---|---|---|---|---|---|
| 武汉市 | 17716.8 | 6795.0 | 1578.7 | 1929.0 | 987404 | 55297 |
| 襄阳市 | 5309.4 | 1966.1 | 211.3 | 252.1 | 97819 | 41214 |
| 孝感市 | 2562.0 | 1197.6 | 134.8 | 115.0 | 35870 | 38911 |
| 十堰市 | 2164.0 | 1256.0 | 115.6 | 106.8 | 10211 | 35753 |
| 荆门市 | 2120.9 | 950.4 | 103.2 | 94.4 | 15419 | 39159 |
| 随州市 | 1241.5 | 618.5 | 50.4 | 100.5 | 6029 | 33890 |
| 仙桃市 | 929.9 | 482.0 | 37.1 | 89.6 | — | 38681 |
| 潜江市 | 852.7 | 306.2 | 26.9 | 16.7 | — | 36985 |
| 天门市 | 718.9 | 368.0 | 21.4 | 12.4 | — | 34408 |
| 神农架林区 | 35.2 | 17.7 | 5.2 | — | — | 34003 |

数据来源：湖北省 2022 年统计年鉴数据整理。

湖北汉江流域已经成为全省重要汽车工业走廊，制造业、纺织服装生产基地和主要商品粮基地，粮食总产量占全省的 50% 以上；成为全省重要的产业集聚区，有国家级开发区 4 家，国家级高新区 3 家，占全省的一半以上；成为全省城市新区建设的先行区，省政府批准的 3 个城市新区中，有 2 个在流域内。汉江流域主要产业地区分布情况如表 5-2 所示。

表5-2　　　　　　　　　汉江流域主要产业地区分布情况

| 主要产业 | 主要分布城市 |
|---|---|
| 制造业 | 襄阳市、武汉市、荆门市 |
| 农产品、食品加工 | 武汉市、潜江市、荆门市、随州市、襄阳市 |
| 电子信息 | 武汉市、襄阳市、荆门市 |
| 生态旅游 | 神农架林区、十堰市 |
| 汽车及零部件 | 武汉市、天门市、襄阳市、随州市、荆门市 |
| 纺织服装 | 仙桃市、天门市、孝感市、潜江市 |
| 生物医药 | 随州市、潜江市、孝感市、仙桃市、襄阳市、天门市 |
| 新能源材料 | 孝感市、襄阳市、武汉市、荆门市 |

湖北汉江生态经济带的开发，不仅要加强产业之间的协同发展、资源的综合运用，重视产业集聚，使地区之间的优势与短板互补，还要发挥出汉江主要港口的作用，配合长江港口，强化汉江沿线城市之间的经济合作，注重汉江流域沿线城市的共同发展，重视生态保护和探索补偿机制。湖北汉江生态经济带的开放与发展，在促进汉江流域城市发展的基础之上，也为探索汉江流域整体发展的新模式提供了便利，为湖北汉江生态经济带环境保护与经济发展的协调统一提供了一条新的道路。

（二）汉江生态经济带河南段

河南省划入汉江生态经济带规划范围的主要涉及南阳市全境及洛阳市、三门峡市、驻马店市的部分地区。南阳市和洛阳市都是河南省的"副中心"，南阳市的优势产业主要集中在建材、制药领域，洛阳市老工业基地的装备制造、有色金属的竞争力优势突出。2020年河南省全年生产总值为54997.07亿元，其中豫南地区的南阳市、信阳市、驻马店市三座城市的生产总值总和为9590.81亿元，约占2020年河南省全年生产总值的17.4%；豫西地区的洛阳市、三门峡市、济源市三座城市的生产总值总和为7282.23亿元，约占2020年河南省全年生产总值的13.2%。

2019 年，河南省发展和改革委员会印发了《河南省贯彻落实汉江生态经济带发展规划实施方案》，针对河南省汉江流域各市县的发展特点，在构筑生态安全屏障、强化现代基础设施支撑、加快产业转型升级、统筹城乡协调发展、全方位扩大开放合作、提升基本公共服务保障能力六个方面，梳理形成了 22 项重点任务，并分别明确了责任单位，建立健全配合联动机制，注重体现项目引领。针对河南省汉江流域各市县经济社会发展的短板和困难，重点在生态、交通、能源、产业、旅游、物流等领域实施 10项重大工程，以项目建设带动规划落实。

2020 年 6 月，河南省发展和改革委员会发布《2020 年河南省汉江生态经济带建设工作要点》，提出持续提升生态环境质量、强力推进基础设施建设、创新引领产业转型升级、统筹推进城乡融合发展、全方位扩大开放合作、促进基本公共服务共建共享等建设目标，全力推进汉江生态经济带主要城市发展进度。

## （三）汉江生态经济带陕西段

陕西省是汉江的发源地，绵延 1577 千米的汉江，在陕西境内干流达 657 千米，从陕西秦岭南麓发源，自西而东流经陕南三市后进入湖北省，流域面积占陕西省的 26.7%。汉江上游流域多属于秦岭山区，是中国重点的生态功能保护区，经济发展受自然条件影响较大。陕西省划入汉江生态经济带规划范围的是陕南地区，包括汉中市、安康市、商洛市全境。

受限于地形，陕南经济发展并不突出，2020 年，陕南三座城市人均GDP 分别是 4.92 万元、4.34 万元、3.54 万元。2021 年上半年，汉中市产值最高的是材料业（301 亿元），第二是装备制造业（253 亿元），第三是食药业（238 亿元）。汉中依托汉航集团发展飞机制造业，依托丰富的药材资源发展制药产业，这是汉中经济的两大支柱产业。安康市主要发展食品加工、新型材料、装备制造、清洁能源、纺织服装。商洛市主要发展新材料、生物医药和食品加工。

在地理位置上，陕南既是"一带一路"建设和长江经济带战略的交汇点，也处在关中平原城市群和成渝城市群的连接处。陕南作为南水北调中线工程核心水源地，丹江口水库上游 70% 的水源途经陕南三市，是汉江生态经济带不可或缺的重要力量。2014 年安康市被列为国家主体功能区建设试点示范市。商洛市被授予全国生态文明示范工程试点城市。汉中市启动创建省级生态文明建设示范市。

早在 2010 年，陕西省结合境内汉江流域发展基础和现状，发布了《陕南循环经济产业发展规划（2009—2020 年）》，旨在通过发展生态、循环经济带动区域经济社会健康可持续发展，与推进汉江生态经济带开放开发战略存在共识。自 2014 年《国务院关于依托黄金水道推动长江经济带发展的指导意见》（国发〔2014〕39 号）出台后，汉江流域发展引起各方重视，处于汉江上游的陕南三市，结合国家对该区域的发展定位，强化生态环境保护，陕南走出一条倡导"绿色循环经济"发展之路，逐步打造生态产业循环发展的新格局。

陕南三市处于汉江上游，三市全境被纳入《汉江生态经济带发展规划》，该文件对三市发展方向作出明确规划：加快汉中城市绿色循环发展，建设重要的装备制造业基地、循环经济产业集聚区和物流中心，打造具有"两汉三国"文化特色的生态宜居城市；支持安康市建设新型材料工业基地和特色生物资源加工基地，架构山水成林的城市格局，建成秦巴腹地综合交通枢纽和生态旅游城市；推进商洛市区域性中心城市建设，打造优质绿色农产品、新材料等工业基地，建设秦岭南麓生态旅游城市。作为国家区域发展战略之一，《汉江生态经济带发展规划》不仅为陕南开放发展提供了千载难逢的机遇，也为陕西打通向南开放通道提供了可能，通过进一步提升陕南三市新型城镇化水平，配置优质资源、打破发展瓶颈，强化项目引领、培植重点产业、突破核心区域，促进经济社会可持续发展。

## 二、襄阳市在汉江生态经济带中的地位和作用

目前汉江流域 17 个城市中除武汉市、襄阳市、汉中市、南阳市等少数城市人口超过 300 万人，整个汉江生态经济带的发展呈现"小马拉大车"这样一个困局，亟须一个城市发挥核心城市辐射带动作用。2021 年，襄阳市地区生产总值达到 5309 亿元，比上年增长 14.7%，高于全省平均水平 1.8 个百分点，比 2019 年实际增长 8.3%，在汉江流域城市群中仅次于武汉市和洛阳市。但从汉江流域城市地理区位来讲，武汉市更靠近长江，洛阳市更靠近黄河，雄踞汉江中游的襄阳市就成为汉江流域首屈一指的中心城市，成为引领汉江生态经济带开放开发、带动全流域协同发展的关键角色。

位于汉江中游的襄阳市是鄂西北及汉江生态经济带的中心，辐射鄂豫陕渝毗邻地区，创造了汉江全流域 20% 以上的经济总量。除经济体量外，襄阳市的人口规模、城市能级、绿色发展水平、创新能力也在汉江流域城市群中居于前列。《汉江生态经济带发展规划》中多处提及襄阳，并明确指出"支持襄阳巩固湖北省域副中心城市地位，加快打造汉江流域中心城市和全国性综合交通枢纽"，进一步确立了襄阳的城市定位和使命任务，支持襄阳建设汉江流域中心城市，来破解汉江生态经济带"小马拉大车"的发展困局。

# 第二节    "襄十随神"城市群规划

城市群是城市发展到成熟阶段的最高空间组织形式，是指在特定地域

范围内，一般以 1 个以上特大城市为核心，以至少 3 个大城市为构成单元，依托发达的交通通信等基础设施网络所形成的空间组织紧凑、经济联系紧密、最终实现高度同城化和高度一体化的城市群体。2018 年 11 月 18 日，《中共中央　国务院关于建立更加有效的区域协调发展新机制的意见》发布，明确指出以京津冀城市群、长三角城市群、粤港澳大湾区、成渝城市群、长江中游城市群、中原城市群、关中平原城市群等城市群推动国家重大区域战略融合发展。

2021 年《湖北省国民经济和社会发展第十四个五年规划和二〇三五年远景目标纲要》提出建设"襄十随神"城市群："推动'襄十随神'城市群落实汉江生态经济带发展战略，打造全省高质量发展北部列阵，建设成为联结长江中游城市群和中原城市群、关中平原城市群的重要纽带。""协同建设城际快速通道和区域骨干通道，推进城市群交通一体化。以产业转型升级和先进制造业为重点，推动汽车、装备、食品等特色产业集聚发展、提档升级。立足汉江流域名山、秀水、人文等资源，打造以山水休闲、历史文化为特色的生态文化旅游带。推动生态文明共建，携手打造汉江绿色保护带。"

## 一、"襄十随神"城市群基本情况

### （一）襄阳市

襄阳市是汉江流域中心城市、长江中游城市群重要成员，国务院批复确定的湖北省新型工业基地和鄂西北中心城市。全市总面积 19774 平方千米，2021 年常住人口为 527.1 万人，全年实现地区生产总值 5309.43 亿元，经济总量全国排名第 49。"十三五"期间，襄阳市 2 条高铁通车、1 条高铁开工建设，是湖北省"十三五"时期高铁建设的最大受益者，同时开通了 5 条中欧货运国际专列、4 条铁海联运专线。"十四五"期间，襄阳市全力打造汉江生态经济带旅游中心城市和中部地区重要旅游目的地；襄阳市的汽车产业要创建两个品牌，一个品牌是中国新能源汽车之都，另一个品牌是国家级的智能网联汽车先导区；位于东津新区的中国汉江生态城，遵循汉江生态经济带发展规划和襄阳市"一极两中心"建设定位，建成后将大幅提升襄阳市的产业功能、城市功能，带动就业增长，对区域城乡融合发展、产城融合发展具有重要的推动作用。

（二）十堰市

十堰市别称车城，被誉为中国卡车之都，全市总面积 23680 平方千米，2021 年常住人口为 320.9 万人，全年实现地区生产总值 2163.98 亿元。十堰市是鄂、豫、陕、渝交界区域性中心城市，鄂西生态文化旅游圈的核心城市，秦巴山区三大中心城市之一，世界文化遗产武当山所在地；是亚洲最大人工淡水湖、南水北调中线工程源头丹江口水库所在地和核心水源区；南有"野人"迷踪的原始森林神农架、千里房县流放文化和饮浴两用的温泉，西有被史学家称为"内长城"的楚长城和奇美秀丽的十八里长峡及堵河漂流风景区，先后荣获全国文明城市、国家卫生城市等一系列荣誉称号。同时，十堰市是"中国第一、世界前三"的商用车生产基地，拥有千亿元级的制造业存量资产和年产 100 万辆汽车生产能力。除了商用车，十堰市的生物医药、有机食品、铸锻件、绿松石等七个产业，共吸纳就业人口 20 万人，预计到 2025 年年产值能达到 2500 亿元。

（三）随州市

随州市古称"汉东之国"，为全国历史文化名城，全市总面积 9636 平方千米，2021 年常住人口为 201.6 万人，全年实现地区生产总值 1241.45 亿元，服务业增加值占 GDP 比重达到 39.8%。随州市是湖北省对外开放的"北大门"，"襄十随神"汽车工业走廊重要城市，国家实施西部大开发战略由东向西的重要接力站和中转站。随州市的特色产业发展格局是以专用汽车及零部件、农产品加工、生态文化旅游产业为"三极支撑"，以新能源、风机制造、晶体材料、电子信息、生物医药、大健康、生态旅游等新兴产业为"多点突破"。近年来，随州市始终坚持以经济建设为中心，抢抓"一芯两带三区"、长江经济带、汉江生态经济带、淮河生态经济带等重大战略实施的有利机遇，加快建设应急、地铁装备、香菇、编钟文化四大产业基地，全力打造产业新城、文旅名城、生态绿城，凝心聚力建设品质随州，推动经济向高质量发展。

## （四）神农架林区

神农架林区是中国东部最大的原始森林和国家级自然保护区，位于湖北、陕西、重庆三省市的边界，南濒长江，北望武当山，是大巴山脉和秦岭山脉交接的地方，面积 3253 平方千米，林地占 85% 以上，森林覆盖率 91.6%，2021 年常住人口为 6.66 万人。神农架林区是国家重点生态功能区，是我国首个同时获得联合国教科文组织"人与生物圈自然保护区、世界地质公园、世界自然遗产"三大保护制度冠名的地区。神农架林区自然生态系统的完整性、原真性、不可再生性和不可复制性全球少有，其生态产品价值呈现出多样性、稀缺性、普惠性、约束性等特点。2021 年，神农架林区启动生态产品价值实现机制，8 月通过初步计算，神农架林区生态系统生产总值达到 820.3 亿元。在畅通生态产品价值实现途径方面，神农架林区大力发展生态旅游，提升生态旅游空间溢出价值；壮大生态农林产业，大力推进"六种四养"，加快林下产业发展，打造国家级绿色有机农产品基地；推进"旅游+中医药康养"战略，围绕康养、康疗、康体三大主题，打造一批示范康养基地。

## 二、襄阳市在"襄十随神"城市群中的地位和作用

《湖北省国民经济和社会发展第十四个五年规划和二〇三五年远景目标纲要》在提出打造"襄十随神"城市群建设的同时，明确了城市群的建设布局："支持襄阳加快建设省域副中心城市、汉江流域中心城市和长江经济带重要绿色增长极，推动制造业创新发展和优化升级，打造国家智能制造基地、国家现代农业示范基地、全国性综合交通枢纽、区域性创新中心和市场枢纽，在中部同类城市中争当标兵，提升综合实力和区域辐射引领能力。支持十堰打造'两山'实践创新先行区、汽车产业重地、文旅康养胜地、鄂豫陕渝毗邻地区中心城市。支持随州建设桥接汉襄、融通鄂豫的'汉东明珠'城市，打造专汽之都、现代农港、谒祖圣地、风机名城。支持神农架林区建设示范国家公园，打造世界著名生态旅游目的地和全国生态文明示范区。"

"襄十随神"城市群建设布局中，襄阳市的地位可见一斑。作为"襄十随神"城市群中的中心城市，襄阳市主动作为，扛起城市群发展的大旗。襄阳市先后召开 3 次市委常委会和领导小组会，专题研究城市群相关工作推进思路和措施，牵头起草了推进"襄十随神"城市群一体化发展实施意见、三年行动方案（2021—2023 年）、年度工作要点、协调工作机制、发展合作框架协议、政务服务事项通办合作协议等多个文件。

# 第三节　襄阳市构建区域中心城市的产业基础

近年来，襄阳市经济总量不断攀升。襄阳市地区生产总值、固定资产

投资、外贸出口等主要经济指标增速居全省前列。在区域中心城市的建设上，襄阳市有着独一无二的优势，悠久的古城文化、便利的交通地位、良好的绿色环境促使襄阳市近年来快速发展。但要建设成为区域中心城市，襄阳市必须更加充分挖掘产业优势，并将其充分发挥利用，形成引领区域经济开放开发、推动区域城市合作共赢圈、推动区域内经济协调发展新格局。

## 一、区位和交通优势显著

襄阳市地处我国内陆腹地中心地带，得"中"独厚，"东瞰吴越、西遮湖广、西带秦蜀、北通宛洛"，自古以来就有"南船北马、七省通衢"的美称。以襄阳市为中心，半径 1000 千米范围内，囊括了中西部地区武汉市、郑州市、西安市、重庆市、成都市等主要大中城市以及汉江流域重要城市，襄阳市是华中、西北、西南"Y"形交通网络的中心，是连接东西南北的重要交通枢纽。"一条汉江、二座机场、三条铁路、四通八达公路"是襄阳市水、陆、空立体交通网络的真实写照；穿境而过的汉江属三级航道，全年可通航 500 吨级驳船，通长江达东海；市区内的港口年吞吐量在 1500 万吨以上，并建有汽车滚装专用码头，汉江余家湖港口是国家北煤南运的重要中转站。

襄阳港作为全省五大枢纽港之一，"西煤东调、北煤南运"，被定位为全国内河主要港口。根据《襄阳港总体规划（2020～2035 年）》，襄阳市将形成"一港双核五港区"的发展格局。"一港"即襄阳港，"双核"为小河、唐白河两个核心区，"五港区"分别为襄阳主城旅游港区、余家湖港区、小河港区、唐白河港区和河谷港区。小河核心区主要为汉江流域地区提供货运中转和多式联运服务，是襄阳建设汉江航运中心的重要支撑；唐白河核心区主要为高新区及主城区企业服务，辐射南阳等周边地区，重点发展集装箱运输。

到2021年年底，襄阳市不断提升综合枢纽功能，实现一通带百通：襄荆高铁襄阳东站引入工程开工建设，郑万高铁襄阳南段建设顺利推进；高速公路建设成效显著，"三纵两横一环两支"高速公路骨架网基本形成；国省干线公路建设成果丰硕，公共客运体系不断完善；雅口枢纽船闸通航，新集水电站开工建设；汉江梯级开发加快，形成了通江达海大通道；积极对接中欧班列，畅通向西开放大通道；依托襄阳刘集机场打造区域性航空中心，构建空中开放大通道。

2022年，交通运输部、国家铁路局、中国民用航空局、国家邮政局、中国国家铁路集团有限公司联合印发《现代综合交通枢纽体系"十四五"发展规划》，其中明确提出，将襄阳市建设成为全国性综合交通枢纽城市。综合交通枢纽是综合交通网络的关键节点，是各种运输方式高效衔接和一体化组织的主要载体。此次湖北省有6座城市被列入国际性综合交通枢纽城市或全国性综合交通枢纽城市，其中，武汉市为国际性综合交通枢纽城市，襄阳市为全国性综合交通枢纽城市。作为重要的交通枢纽城市，凭借得天独厚的地理优势和四通八达的交通网络，襄阳市区域中心建设必定对区域经济带乃至国内中西部市场有着极其明显的辐射效应。

## 二、区域经济实力突出

### （一）汉江流域鄂、豫、陕3省相关城市经济指标对比分析

从2020年的指标来看，汉江流域13市地区生产总值为21302.58亿元，社会消费品零售总额10022.2亿元，地方公共财政预算总额为837.2亿元，直接利用外资总额为152786万美元，其中，襄阳市四项指标分别为4602.0亿元、1567.3亿元、160.0亿元、83113万美元，占比分别达到21.6%、15.6%、19.1%、54.4%，各项指标均在流域内同类城市中排名靠前。2020年汉江流域城市主要经济指标情况如表5-3所示。2020年，

襄阳市城镇常住居民人均可支配收入为 37707 元，较 2019 年增长 1.1%，较 2018 年增长 9.9%，荆门市以城镇常住居民人均可支配收入 35958 元排名第二，襄阳市在该项指标上的增幅高于全国、全省的平均水平。

表 5－3　　　　　　2020 年汉江流域城市主要经济指标情况

| 城市 | 常住人口（万人） | 地区生产总值（亿元） | 社会消费品零售总额（亿元） | 地方一般公共预算收入（亿元） | 出口总额（亿元） | 实际使用外资金额（万美元） | 城镇常住居民人均可支配收入（元） |
|---|---|---|---|---|---|---|---|
| 襄阳市 | 526.1 | 4602.0 | 1567.3 | 160.0 | 197.9 | 83122 | 37707 |
| 安康市 | 249.3 | 1088.8 | 437.1 | 28.4 | 9.7 | 6076 | 28247 |
| 汉中市 | 321.1 | 1593.4 | 519.8 | 49.2 | 14.2 | — | 34417 |
| 南阳市 | 971.3 | 3925.9 | 1998.7 | 202.1 | 101.9 | 68800 | 33910 |
| 十堰市 | 320.9 | 1915.1 | 974.0 | 89.4 | 48.5 | 7212 | 32771 |
| 孝感市 | 427.0 | 2193.6 | 981.2 | 100.2 | 91.7 | 29245 | 35374 |
| 荆门市 | 259.7 | 1906.4 | 779.3 | 79.8 | 58.2 | 12507 | 35958 |

数据来源：湖北省 2021 年统计年鉴数据整理。

## （二）"襄十随神"城市群经济指标对比分析

从 2020 年的数据来看，四市地区生产总值为 7644.5 亿元，占全省生产总值比重为 17.6%，襄阳市生产总值占城市群生产总值比重为 60.2%；四市社会消费品零售总额为 3076.1 亿元，占全省社会消费品零售总额比重为 17.1%，襄阳市社会消费品零售总额占城市群社会消费品零售总额比重为 51.0%；四市地方一般公共预算收入 289.1 亿元，占全省地方一般公共预算收入比重为 11.6%，襄阳市地方一般公共预算收入占城市群地方一般公共预算收入比重为 55.3%；四市外贸出口总额为 463697 万美元，占全省外贸出口总额比重为 11.9%，襄阳市外贸出口总额占城市群外贸出口总额比重为 61.5%；四市（神农架林区无数据）实际使用外资金额 95093 万美元，占全省实际使用外资金额比重为 9.2%，襄阳市实际外商直接投资占城市群实际使用外资金额比重为 87.4%。2020 年"襄十随神"城市群主要经济指标情况如表 5 - 4 所示，襄阳市在各项指标上的占比均领先城市群其他三座城市。

表 5 - 4　　　2020 年"襄十随神"城市群主要经济指标情况

| 指标 | 城市 | 襄阳市 | 十堰市 | 随州市 | 神农架林区 |
|---|---|---|---|---|---|
| 地区生产总值 | 总量（亿元） | 4602.0 | 1915.1 | 1096.7 | 30.7 |
| | 占全省比重（%） | 10.6 | 4.4 | 2.5 | 0.1 |
| | 占城市群比重（%） | 60.2 | 25.1 | 14.3 | 0.4 |
| 社会消费品零售总额 | 总量（亿元） | 1567.3 | 974.0 | 519.5 | 15.3 |
| | 占全省比重（%） | 8.7 | 5.4 | 2.9 | 0.1 |
| | 占城市群比重（%） | 51.0 | 31.7 | 16.9 | 0.5 |
| 地方一般公共预算收入 | 总量（亿元） | 160.0 | 89.4 | 35.9 | 3.8 |
| | 占全省比重（%） | 6.4 | 3.6 | 1.4 | 0.2 |
| | 占城市群比重（%） | 55.3 | 30.9 | 12.4 | 1.3 |
| 出口总额 | 总量（万美元） | 285313 | 70329 | 108038 | 17 |
| | 占全省比重（%） | 7.3 | 1.8 | 2.8 | 0.0004 |
| | 占城市群比重（%） | 61.5 | 15.2 | 23.3 | 0.004 |
| 实际使用外资金额 | 总量（万美元） | 83122 | 7212 | 4759 | — |
| | 占全省比重（%） | 8.0 | 0.7 | 0.5 | — |
| | 占城市群比重（%） | 87.4 | 7.6 | 5.0 | — |

数据来源：湖北省 2021 年统计年鉴数据整理。

## 三、区域产业基础雄厚

襄阳市是一个朝气蓬勃的新兴的工业城市，同时具备着老工业基地的底蕴，是全省乃至全国重要的汽车制造业基地、中国织造名城、国家军民结合产业基地、供应链创新与应用试点城市、生产服务型国家物流枢纽城市、全国新能源汽车推广应用城市、国家新能源示范城市等，已逐步形成以汽车整车及零部件产业为龙头，以装备制造业、农产品加工业、新能源汽车产业、新能源新材料产业、现代服务业、医药化工产业、电子信息产业等为主导产业的产业体系。

（一）汽车产业

襄阳市的汽车产业经历从无到有、从弱到强、从低端到高端、从零部件到整车、从传统动力汽车到新能源汽车、从单一制造到产业化的发展历程，为襄阳市工业名副其实的龙头产业，成为全市经济发展的强力引擎。由于中国汽车产业的飞速发展，尤其是新能源汽车的崛起，拥有汽车生产基础的襄阳市成为中国汽车公司重点投资的地区。

襄阳市已形成了集制造、物流、商贸、试验、检测于一体的较为完整的汽车产业链，逐步形成综合的汽车零部件产业集群，涉及发动机零配件、汽车轴承、节能与新能源总成部件等相关产业集群。襄阳市整车产能达到 80 万辆，发动机产能达到 131 万台，车桥产能超过 100 万根。其中，轻型商用车产销量位居全国第三；客车底盘规模位居全国第一；商用车车桥规模位居亚洲第一；汽车蓄电池生产规模位居全国第一；座椅调节装置和汽车轴承规模位居国内自主品牌行业第一；动力总成生产规模和汽车摩擦片生产规模在国内名列前茅；试验检测机构综合实力位居全国前列。

2022 年 2 月，比亚迪襄阳产业园正式开工建设，建设新能源汽车整车工厂、汽车零部件工厂、动力电池工厂、动力电池零部件工厂、零碳园区五大模块，总投资 180 亿元。三期项目全部完成后，比亚迪襄阳产业园年产值将达到 500 亿元。

## （二）装备制造业

襄阳市装备制造业已形成高端装备、传统装备、特色装备三位一体，轨道交通装备、航空航天装备、应急救援装备、智能制造装备、农业机械装备等特色鲜明，具有一定规模和技术水平、具有相当区域竞争力的产业体系，不仅在全市产业发展格局中占有至关重要的位置，在全省产业布局中也意义重大。2021 年，襄阳市规模以上装备制造企业达到 207 家，装备制造业产值达到 887.9 亿元，约占全市工业总产值的 1/8，航空航天、轨道交通产业成为全省重点成长型产业集群。

2021 年襄阳市百强企业排行榜显示，上榜企业总营业收入达到 1746.83 亿元，百强入围门槛为 2.22 亿元。从百强企业产业结构来看，排名前三的产业依次是汽车整车及零部件业、装备制造业、农产品加工业。汽车整车及零部件业营业收入在百强企业总营业收入中所占的比重仍然高达 40%，行业地位稳固。装备制造行业虽然上榜企业减少 3 家，但营业收入和纳税总额与 2020 年相比有大幅度增长，其营业收入占比由 10.43% 上升到 16.23%，纳税总额占比由 4.26% 上升到 10.59%。2021 年襄阳百强企业名单 TOP25 如表 5-5 所示。

表 5-5　　　　2021 年襄阳百强企业名单 TOP25

| 排名 | 企业名称 | 区域 |
|---|---|---|
| 1 | 湖北中烟工业有限责任公司襄阳卷烟厂 | 樊城区 |
| 2 | 风神襄阳汽车有限公司 | 高新区 |
| 3 | 骆驼集团股份有限公司 | 高新区 |

| 排名 | 企业名称 | 区域 |
|---|---|---|
| 4 | 东风汽车股份有限公司 | 高新区 |
| 5 | 中国化学工程第六建设有限公司 | 东津新区 |
| 6 | 东风德纳车桥有限公司 | 高新区 |
| 7 | 湖北华电襄阳发电有限公司 | 襄城区 |
| 8 | 湖北立晋钢铁集团有限公司 | 枣阳市 |
| 9 | 湖北美亚达集团有限公司 | 谷城县 |
| 10 | 金鹰重型工程机械股份有限公司 | 高新区 |
| 11 | 航宇救生装备有限公司 | 高新区 |
| 12 | 湖北回天新材料股份有限公司 | 高新区 |
| 13 | 中国兵器工业集团江山重工研究院有限公司 | 高新区 |
| 14 | 正大食品（襄阳）有限公司 | 襄州区 |
| 15 | 襄阳龙蟒钛业有限公司（现名为龙佰襄阳钛业有限公司） | 南漳县 |
| 16 | 湖北中航精机科技有限公司 | 高新区 |
| 17 | 华新水泥（襄阳）有限公司 | 南漳县 |
| 18 | 神龙汽车有限公司 | 高新区 |
| 19 | 葛洲坝宜城水泥有限公司 | 宜城市 |
| 20 | 湖北航天化学技术研究所 | 高新区 |
| 21 | 湖北金兰首饰集团有限公司 | 枣阳市 |
| 22 | 湖北三环车桥有限公司 | 谷城县 |
| 23 | 襄阳正大有限公司 | 襄州区 |
| 24 | 武钢集团襄阳重型装备材料有限公司 | 襄州区 |
| 25 | 湖北楚凯冶金有限公司 | 老河口市 |

其中，金鹰重型工程机械股份有限公司致力于打造世界一流轨道工程

装备企业，拥有专利 200 多项，编制 4 项国家标准、21 项铁路行业标准，成为国内轨道工程装备企业的领先者；航宇救生装备有限公司是亚洲最大、全国唯一从事航空防护救生装备研制的现代高科技企业。

近年来，襄阳市大力发展智能装备制造业，加快绿色低碳转型，大力实施绿色制造体系建设和示范创建，助推装备制造业转型发展，2021 年全市新增国家绿色工厂 6 家，居全省第一位，总量达到 13 家。

## （三）农产品加工业

襄阳市气候宜人、地理位置优越，是我国重要的商品粮基地和夏粮主产区。2012 年，襄阳市成为汉江流域首个粮食产量过百亿斤的城市，并且一直保持着百亿斤的规模。2021 年湖北省粮食生产目标任务分解如表 5－6 所示，襄阳市以 94.49 亿斤目标产量排名第一，荆州市以 89.96 亿斤目标产量排名第二，第三到第五名依次为荆门市 57.36 亿斤、黄冈市 53.82 亿斤、孝感市 46.54 亿斤。

表 5－6 　　　　　　2021 年湖北省粮食生产目标任务分解

| 指标<br>城市 | 面积（万亩） | 产量（亿斤） |
|---|---|---|
| 全省 | 6967.92 | 545.49 |
| 武汉市 | 216.00 | 17.92 |
| 黄石市 | 124.43 | 10.26 |
| 十堰市 | 316.12 | 16.48 |
| 宜昌市 | 476.72 | 30.22 |
| 襄阳市 | 1180.03 | 94.49 |
| 鄂州市 | 57.51 | 4.91 |
| 荆门市 | 693.64 | 57.36 |
| 孝感市 | 522.16 | 46.54 |

续表

| 指标<br>城市 | 面积（万亩） | 产量（亿斤） |
|---|---|---|
| 荆州市 | 1060.63 | 89.96 |
| 黄冈市 | 591.59 | 53.82 |
| 咸宁市 | 294.79 | 23.37 |
| 随州市 | 310.38 | 29.23 |
| 恩施州 | 553.52 | 28.82 |
| 仙桃市 | 172.97 | 13.95 |
| 潜江市 | 151.22 | 11.80 |
| 天门市 | 238.47 | 16.01 |
| 神农架林区 | 7.74 | 0.35 |

近年来，襄阳市的农产品加工业蒸蒸日上，全市上下大力推进农产品加工业的发展。襄阳市襄州区、老河口市的两个农产品加工业园跻身"国家队"，襄州区、谷城县、枣阳市、宜城市、老河口市 5 个农产品加工园区被认定为湖北省农业产业化示范园区。全市各园区入驻企业达 800 多家，其中规模以上农产品加工企业达 664 家，国家级龙头企业 4 家。

国家现代农业示范区全域推进，襄阳市粮食生产连续五年获得丰收，农产品加工业发展前景一片大好，其产值已经连续 5 年赶超汽车产业，占全市工业总产值比重达到 32.3%。其对县域经济的贡献更是巨大，占县域经济比重达到 50.4%，对农民增收贡献率超过 30%。截至 2021 年特色产业基地发展到 88 万亩，襄阳高香茶入选全国特色农产品区域公共品牌。襄阳市全力打造襄阳高香茶、襄阳牛肉面、襄阳大米、襄阳清水虾、中国有机谷五大市级品牌。

（四）现代服务业

近十年来，襄阳市迎来了空前的发展机遇期，不断巩固省域副中心城市地位，切实增强襄阳市作为汉江流域中心城市的影响力和辐射带动力。襄阳市重要服务行业产值如表 5-7 所示。在经济高速发展的同时，襄阳市大力推进现代服务业发展，围绕房地产、金融、现代物流、研发设计、大数据和云计算、商贸、文化体育、旅游、健康养老等服务业重点内容，以重点服务业园区、项目建设为支撑，壮大产业规模、提升产业竞争力。

表 5-7　　　　　　　　襄阳市重要服务行业产值　　　　　（单位：亿元）

| 指标＼年份 | 2013 | 2014 | 2015 | 2016 | 2017 | 2018 | 2019 | 2020 |
|---|---|---|---|---|---|---|---|---|
| 餐饮住宿 | 50.5 | 55.6 | 61.1 | 48.3 | 57.2 | 62.5 | 36.2 | 28.3 |
| 房地产 | 93.7 | 91.6 | 99.9 | 208.2 | 261.7 | 379.0 | 436.4 | 361.9 |
| 国内旅游总收入 | 179 | 219.2 | 259.8 | 294.7 | 338.4 | 415 | 447.0 | 256.1 |
| 保险收入 | 45.8 | 55.1 | 65.0 | 81.1 | 103.2 | 108.5 | 124.9 | 135.5 |

数据来源：襄阳市统计年鉴数据整理。

（五）医药化工产业

医药化工产业是襄阳市的支柱产业之一，也是"万亿工业强市"建设中强劲有力的"新引擎"。襄阳市已形成湖北兴发化工集团股份有限公司、襄阳泽东化工集团股份有限公司等多家重点企业的磷化工循环经济产业集群，并且这些企业在发展循环经济和研发下游产品方面各具特色。2013 年 8 月，工业和信息化部公布的全国 5000 余家医药企业排名中，襄阳市隆中药业、华中药业、天药药业首次跻身全国医药行业 500 强。2019 年襄阳市医药化工产业实现产值 534.2 亿元，在鄂西北区域首屈一指。但 2020 年前 3 个月，受疫情停工影响，该产业增速大幅下挫 50.2%，4 月实现产值 37.6 亿元，比上月大幅增长 60%。

# 第四节　襄阳市构建区域中心城市的路径选择

通过纵向分析和横向对比，襄阳市应凭借突出的经济实力、扎实的现代服务业基础、成熟的区位优势和比较优势，顺应时代发展潮流，在新的区域发展格局中找准定位，在更大范围、更高层面聚集资源、人才和市场，打造区域性中心城市，以更好引领、带动区域城市群的发展。

## 一、打造"万亿工业强市"

### （一）以技术变革引领价值链高位跃升

我国处于经济变型的关键时期，坚持以创新为核心，走科学绿色发展之路，襄阳市必须积极抓住变革的机遇，争取在新一轮的技术变革中占据主动，从而引领并推动汉江生态经济带的经济发展，不断提升襄阳市高端制造业发展水平，提升产品的品牌效应。

### （二）以优势平台推动产业链垂直整合

推进产业集聚集群集约发展，加快特色园区建设，并伴随发展相应的服务业，建设相关的基础设施。襄阳市有高新区、经济开发区以及省级开发区，要重点发挥三区枢纽作用，集聚并垂直整合产业链，打造产业群、聚集区。

### （三）以布局优化实现空间链区域协调

襄阳市具有襄阳市城区经济和谷城县、南漳县、保康县等多个县的县域经济，必须坚持"两轮驱动"，在充分发展城区经济的同时带动县域经济的发展，推动县域经济特色化、多元化并促进城区经济繁荣。

## 二、打造现代农业强市

可以说生态农业是襄阳市第一大支柱产业，发展现代农业刻不容缓。在保持增收、巩固粮食大市的基础之上，应促进生态农业产业化，打造本土生态农业品牌。

### （一）全力推进"中国有机谷"建设

"中国有机谷"是襄阳市生态农业特色部分，主要表现为绿色、无公害、有机，坚持走有机谷建设的生态农业之路，建设生态农业生产、加工品出产，带动休闲农家乐等活动，打造属于襄阳的生态农业产业集群。

### （二）实施食品工业倍增计划

现代农业不仅包括粮食生产，还可以考虑农林牧副渔全面发展，以及更深层次的农产品加工出产。衍生产业链，可以打造属于襄阳的生态农业产品品牌，走多元化、深层次化、品牌化的现代农业之路。

### （三）创新农业经营组织方式

积极建设多种形式适度规模经营，坚持以技术作为立足的基本，培育新型农业与新型经营者，双管齐下，推动襄阳市农业向更为规模化、集约化、产业化发展，从而建设生态农业，打造农业强市。

### 三、打造现代服务业中心

#### （一）全力推进区域性物流中心建设

依托"三纵三横"铁路网，建设装备制造、城市共同配送、精品农畜产品等物流基地。汽车产业物流园、东风合运物流园、同济堂物流中心等7个大型物流园（配送中心）已建成运营；国际陆港物流园区（金鹰公铁联运物流园）等3个大型物流园正在建设；小河临港物流园、传化公路港前期工作正加快推进，全市已初步形成具有一定专业分工、层次分明的物流基础设施网络和服务群体。

要建设区域性物流服务中心，一是要围绕樊西综合物流园区建设，把传化公路港和中通快递这两个物流的龙头企业支持好、发展好；二是要依托樊西互联网产业园，大力发展物联网、车联网、多式联运等物流模式，发展城市，打通城市物流的微循环。2018年开始，襄阳市每年安排不低于2000万元的物流发展专项资金，引导现代物流发展，并逐年调增专项资金规模，同时依据实际投资额给予金额不等的奖励或补助。

#### （二）全力推进区域性消费中心建设

依托中豪襄阳国际商贸城等樊西八大市场，建立健全商贸集聚地和各类专业市场。早在2016年，襄阳市樊城区就提出"打造襄阳乃至汉江流域的商贸中心，努力建成辐射带动力强的区域性现代服务业中心"的口号，重点发展传统商贸、新型业态和高端服务业三大板块，加快推动一批商业综合体建成运营，高定位建设电商创业谷，高端规划内环线西段金融产业板块，高效率推进全民创新创业平台。

要建成区域性消费中心，一是要大力调整和优化消费的层次和结构，以满足不同群体的消费需求。二是要加大传统消费服务业的转型升级力度。当前襄阳市传统消费服务业同质化竞争比较严重，服务的能力和水平提升的空间还很大。三是要培育和引进一批龙头企业来提高襄阳市消费的档次和水平。2019 年，襄阳市同王府井集团签订了战略投资协议，王府井集团将在樊城区投资 20 亿元，建设一个 12 万平方米的城市商业综合体和一个 3 万平方米的五星级酒店，王府井集团入驻以后，将带动一批国际一线品牌和企业入驻樊城区，而这必将带动和辐射鄂西北地区以及南阳地区的消费。

### （三）全力推进区域性金融中心建设

要全力打造襄阳环球金融城，重点建设融资平台，期货、股权、债权、债券交易平台，第三方交易结算平台；鼓励金融机构加大金融创新力度，着力建设"普惠金融示范区"，推进绿色金融发展，切实调整优化信贷机构，向上争取信贷规模，加快信贷投放；加快引进证券公司、保险公司、融资租赁公司、财务公司及金融后台服务中心等非银行金融机构，完善金融体系，丰富金融业态。

汉江金融服务中心经襄阳市人民政府批准设立，由市政府金融办主管，立足于襄阳市区域性金融服务中心建设大局，定位是"一体化、一站式、全方位"的综合性金融服务平台，为将襄阳市建设成汉江流域中心城市提供重要的金融服务支撑。2016 年 12 月 8 日，包括银行、证券、保险、担保、小贷、互联网金融平台、产业投资平台在内的襄阳市 20 余家金融机构与汉江金融服务中心成功对接，在襄阳环球金融城构成了完整的金融产业链条，为襄阳市金融经济发展提供了重要载体。其通过搭建共同发展的专业化金融服务平台，集中整合社会各方金融资源，来达到服务与营销的契合点。这种全新的合作方式不仅可以降低金融各业的运作成本和提高资本市场的效率，对提升本地金融服务质量和对普惠金融创新发展也具有重要意义。

## （四）全力推进区域性文化旅游中心建设

要大力支持文化创意产业园发展，充分发挥文创园区孵化企业的带动作用，建立文化产业引导资金，帮助企业发展壮大；对文化创意园予以土地供给、资金奖励等支持，促进其发展壮大，不断形成产业集群；切实加大文化体育产业招商引资力度，吸引民间资本投资创新文化体育产业发展模式。

着力引进国内外有实力、有经验的大企业开发文化和旅游资源，大力发展文化旅游、文艺演出、文博会展、创意设计、现代传媒、动漫游戏、演艺娱乐、出版印刷等文化产业集群，打造具有国际水准的"三城"（唐城、汉城、三国文化城）、"五园"（汉水文化产业园、汽车文化产业园、文化创意产业园、文化传媒产业园、文化科技产业园）；邀请国内外专家学者研究襄阳文化，开展高层次的文化研讨与交流活动；大力引进国内外知名旅游公司经营襄阳市旅游资源，积极组织市内旅游企业对外推介。

加快建设国际性旅游目的地，以襄阳古隆中—鱼梁洲—汉水旅游区为重点，加大核心景区投资建设力度；加快区域性旅游服务中心和旅游商品研发生产中心建设，引入世界酒店业知名品牌，加快高端商务酒店建设，打造中部地区一流的旅游服务景区和旅游服务设施。

2018年，襄阳华侨城文化旅游示范区项目正式启动，包含主题乐园、城市广场、主题酒店、商业中心、影视娱乐、水上旅游、艺术中心、运动场馆、创意街区、商务办公、生态公园与品质居住等多个业态。襄阳华侨城文化旅游示范区项目将立足襄阳市、面向湖北省、辐射中部，从城市运营的战略高度，于汉江中轴文明带，打造一个具有经济、文化、生态、社会等综合影响力的国家级文旅目的地，有效辐射鄂、豫、陕、川等省份，吸引近亿人口休闲旅游度假、娱乐消费、投资创业、就业居住等。

## 四、建设汉江流域国家级生态文明试验区

### （一）着力构建高效、协调、可持续的主体功能区格局

城市的空间格局关乎一个城市的基础构建，建设科学合理的城镇化格局，是一个城市发展的基础。设定本市的生态空间红线，对湿地、林地、水源等方面实施生态性保护和修复，从宏观上构建襄阳市协调、可持续发展的主题功能格局。

### （二）深入推进产业发展生态化、生活方式低碳化

襄阳市汽车产业特别是新能源汽车产业发展良好，在全省乃至全国都有巨大的影响力，坚持大力发展新能源汽车产业，建设全国新能源示范城市，在居民的生活、消费方式上，大力提倡绿色出行、绿色消费。

### （三）健全生态文明制度体系

对生态文明建设设定完备的考核体系，对于不遵守相关规定的企业、个人等采取相应的措施，全市共同努力构建生态文明襄阳，形成良好社会风尚；对于工业三废排放，要加大技术处理的资本投入，提升企业的自觉性；健全社会公众的监督体系，完善听证、建议收集、投诉、举报等多种监督途径，充分发挥社会大众的力量，建设完善的环境管理体系。

# 第六章　科技服务业集聚与区域协同发展

　　20世纪80年代以来，传统制造工业发展逐渐被科技产业发展速度赶超。在产业更新迭代发展的过程中，科技产业集聚区蓬勃发展。美国硅谷、日本筑波科学城、瑞典基斯塔科技园、德国慕尼黑科学园、俄罗斯新西伯利亚科学城、加拿大卡尔顿高科技区、英国苏格兰高科技区、法国格勒诺布尔科技园区、意大利蒂布尔蒂纳国家高科技区、新加坡国家高科技区等，都是闻名遐迩的世界级科技创新园区，实现了知识、技术、人才的高度集中和融科研、教育、生产为一体的科技资源开发，成为区域经济参与全球竞争的重要力量和国家竞争优势的重要来源。世界级科技创新园区所带来的高科技工业的迅速发展以及巨大的经济效益，充分证明了空间集聚和区域协同对科技服务业发展的重要意义，空间集聚和区域协同成为区域经济竞争力和创新能力提升的重要手段。襄阳市应加强区域合作，在区域协同创新机制下更好推动科技服务业发展。

## 第一节　科技服务业集聚的影响因素

　　科技服务业集聚效应显著，一方面，科技服务需要建立在良好的科学技术发展和服务业发展基础之上，对技术水平和人才质量要求很高，通过产业融合和规模经济，对区域经济和科技创新能力产生巨大的推动力；另一方面，跨区域的科技服务产业集聚可以逐渐缩小地区间科技和经济发展的差异，通过科技外溢效应和辐射效应，降低区域经济科技发展成本，实现区域经济和科技创新能力跨越式发展。

影响科技服务业集聚的因素主要来自政府和市场两个方面。

## 一、政府引导

产业集聚突破了企业边界，在特定区域内将互相关联的企业、机构和组织联合起来，竞争和合作并存，从区域经济发展的整体出发，促进社会和经济协调发展。这种带有明显外部性的集聚行为必须依托政府引导和干预，政府应为培养产业集聚创造良好的外部市场环境，提供积极的政策支持。但在实施手段上，应避免政府直接的行政干预，而需要以市场传递出的调节经济的信息为基础，健全制度，完善产业链，最大限度以企业为主导，充分发挥产业集聚的主观能动性。

### （一）统筹规划、合理布局

政府在科技服务业集聚中必须发挥统筹规划、合理布局的顶层作用。我国科技服务业发展还处在起步阶段，科技资源、发展速度和服务质量存在地区差异，需要政府合理布局，推动科技服务有效集聚和快速发展。近年来，我国各地方政府结合自身科技资源优势和特色，相继出台了一系列政策，引导和鼓励科技服务集聚发展。

以京津冀科技服务业发展为例，2015 年《京津冀协同发展规划纲要》出台，优化空间格局和功能定位；2016 年《京津冀产业转移指南》发布，构建以北京中关村、天津滨海新区等五地为依托的京津冀产业升级转移重要引擎；2019 年北京市投资促进服务中心发布《关于推进京津冀国有技术类无形资产交易加快创新成果转化的工作意见》，为推进技术资产交易和加快创新成果转化，明确了具体的工作措施和保障措施；截至 2020 年，京津冀发布区域协同标准累计达 54 项，涉及检疫检验、技术标准、服务规范等领域，为技术交易市场集聚奠定了政策基础。

### （二）打破区域制度壁垒

政府在区域科技服务业集聚中必须具备打破区域制度壁垒的意识。各地政府在制定发展规划时，往往立足本地经济和项目发展，忽略了产业集群和区域协同发展的关联性。因此，应打破区域制度壁垒，立足自身比较优势，以集群政策取代产业政策，注重区域内主导产业和产业链以及产业生态环境的协调统一，注重区域创新能力培养，制定集群发展远景规划，有效引导资源、人才向科技服务产业倾斜，积极开展"产学研"融合，加快科技服务产业集聚。

以粤港澳大湾区发展为例，"一个国家、两种制度、三个关税区、三种货币"的特殊背景，使得粤港澳大湾区的发展机遇与挑战并存，除了国家顶层发挥协调作用以外，粤港澳大湾区内部制度创新在不断摸索中。合作园区建设方面，港澳地区出发点在于土地的开发和使用，而自贸试验区片区出发点则在发展经济。而破解粤港澳大湾区发展壁垒，在高新技术产业协同发展上最有望获得实现。因为香港、广州和深圳三大中心区和其他城市在基础科研能力、科教创新能力、科技孵化应用、科技企业创设等方面的优势是最为显著的，最容易实现区内城市群合力，推进粤港澳大湾区深化合作。

### （三）明确区域发展重点

政府在区域科技服务业集聚中必须明确区域发展重点。各地政府在推动科技服务业集聚的过程中，应该立足自身现有产业基础和特色优势，明确发展重点，着力支持重点企业和核心产业发展，依托品牌优势，以主导产业为核心，向科技服务生态环境外围扩散，充分发挥龙头科技服务企业和机构在科技服务业集聚中的中坚力量。

以长江经济带发展为例，按照党的十九大部署，要"以共抓大保护、不搞大开发为导向推动长江经济带发展"，也就是要坚持生态优先、绿色发展，把修复长江生态环境放在首要位置，统筹推进长江重大生态修复、航道治理、沿江公用码头等重大工程和项目建设，构建高质量综合立体交通走廊，发挥长三角、长江中游、成渝城市群的辐射带动作用，支持区域性中心城市的发展，优化产业布局，推动长江上中下游协同发展、东中西部联动合作，把长江经济带建设成为我国生态文明建设的先行示范带、创新驱动带、协调发展带。

在科技服务业集聚初期，由于基础设施不健全、技术信息共享平台建设不完善等原因，政府为完善产业政策、控制集聚规模、明确发展方向提供了政策扶持，逐步提高科技服务业的集聚程度。但是高集聚区的政府行为可能导致产业发展多样性降低、趋同性增强，从而引发集群内的恶性竞争。因此，政府在科技服务业区域协同发展的初期主要是通过政策引导集聚，而后逐步转入创新倡导者的角色，通过深化科技服务业的内涵，拓展集聚发展空间，延长产业集聚的生命周期，注重区域经济发展定位的动态变化，促进科技服务业升级迭代。

近年来，全国各主要科技服务集聚区的快速发展无不得益于政府政策的大力支持。京津地区各项科技服务业指标具备显著优势，但由于河北省科技服务业发展水平相对较低，京津冀科技服务业在全国范围内地位呈现下降趋势，因此政府设立的国家级新区——雄安新区，将成为重量级科技资源集聚地，有效带动整个京津冀地区成为高水平科技服务集聚区；长三角地区科技服务资源分布较为均衡，但核心城市优势不突出，与世界级科创中心仍有较大差距，因此要加大科技研发投入力度，加强科技人才引进质量，对标国内国际科技服务业发达地区，强化科技中心城市建设，积极探索长三角地区科技协同发展机制，促进长三角科技服务业高质量发展；为把粤港澳大湾区打造为"国际科技创新中心"，三地紧密出台多项政策，支持港澳青年到大湾区创新创业，推进高校和科研院所创新创业资源共享、开展投贷联动等融资服务。

## 二、市场引导

科技服务业所具备的人才智力密集、产业附加值大、辐射带动作用强等特征，使得该产业共享研发基础设施，降低技术研发成本，提高知识外溢效应，加快技术转移速度，实现技术成果转化，在发展过程中呈现出自主集聚的趋势，这种集聚不是依靠政府政策引导，而是市场作用的结果。2014 年，《国务院关于加快科技服务业发展的若干意见》（国发〔2014〕49 号）发布，其指出"充分发挥市场在资源配置中的决定性作用，区分公共服务和市场化服务，综合运用财税、金融、产业等政策支持科技服务机构市场化发展，加强专业化分工，拓展市场空间，实现科技服务业集聚发展"，进一步明确了市场在科技服务业集聚中的重要作用。

### （一）主体市场化

科技服务业行为主体是在科技服务产业链上组织、管理以及提供科技服务的政府部门和企业，包括政府机构、科研机构、科技型企业、科技服务中介机构、科技金融机构等。市场机制可以最大化激发科技服务主体的创新活力，通过产业集聚实现效用和收益最大化。

应通过不断完善科技服务业相关市场法规和监管体制，有序降低科技服务市场准入门槛，不断规范市场秩序，逐步构建统一开放、竞争有序的市场体系，为各类科技服务主体营造公平竞争的市场环境。市场机制可以加快国有科技服务企业建立现代企业制度，引导社会资本不断进入科技服务业；市场机制鼓励科技人员参与科技服务企业的经营管理，不断激发科技服务机构创新的动力，从而形成产业集聚的驱动力。

（二）要素市场化

科技服务要素主要包括科技人员、资金、科技基础、科学技术、知识产权、经验、信息等，它们构成了科技服务产业的客体，是科技服务的主要内容和重要支撑。要实现科技创新就必须制定科学的要素配置机制，这个机制就是科技服务要素配置的市场化机制。

2020 年 3 月 30 日，《中共中央　国务院关于构建更加完善的要素市场化配置体制机制的意见》发布，充分印证了技术要素市场作为"五大要素市场"之一正加快走向中国经济舞台中心。加快推动技术要素市场化配置改革，着力研究和全力建设满足新时期创新发展需求的现代技术要素市场体系，对于提升我国科技创新供给质量、促进经济高质量发展具有重要意义。构建科技服务要素配置市场，通过大数据、区块链等现代技术搭建信息共享平台，加快科技成果推广，深挖市场需求，可以提高科技成果与产业融合，解决研究成果与市场需求信息不匹配的问题，实现技术要素市场供需双方信息精准对接。

（三）活动市场化

科技服务活动包括科学研究、专业技术服务、技术孵化、技术咨询和培训、技术推广、技术交易、知识产权交易。科技服务活动是从技术到市场的桥梁，探索科技服务活动市场化运营模式，可以最大限度发挥市场机制的配置和调节功能，更好实现科技成果转化。

通过服务市场化，可以加快科技中介服务效率，提高技术评估、技术咨询、知识产权机构的服务质量；通过市场化规范管理，可以不断完善技术交易规则，优化技术转移服务流程，加强对政策落实的跟踪监测和效果评估，开展监督评估和考核评价，依据评估结果加大激励引导力度，优化服务流程，提升服务效率；通过加强技术市场信用管理，依法加大对不诚信行为的打击力度，可以保障交易主体权益，营造公平竞争环境；通过培育科技金融服务产业，可以促进科技创新要素集聚，从而实现科技服务业的空间集聚。

2020 年 10 月 28 日，上海技术交易所正式开市。截至 2021 年 4 月，上海技术交易所累计挂牌科技成果数 1425 项，累计成交金额 8.47 亿元，意向进场科技成果数 1740 项，意向进场交易金额 15.07 亿元。此外，上海技术交易所还已与 22 家科研院所及高校共建成果转化创新中心，联动 67 家科研院所开展成果转化服务合作，涉及交易金额 8.70 亿元。

# 第二节　科技服务业区域协同的经验借鉴

党的十八大以来，党中央、国务院大力实施创新驱动发展战略，进一步推动了科技服务业的快速发展。在着力增强自主创新能力的同时，我国各区域集群不断扩大科技服务业领域的开放与合作，以区域协同创新助力科技服务产业发展，以科技服务业发展实现区域协同创新能力提升。近年来，我国通过完善创新创业服务体系建设，促进创新资源向优势区域汇聚，着力培育出一批创新能力强、创业环境好、特色突出的科技服务业集聚区。

# 一、京津冀科技服务业区域协同

## （一）京津冀科技服务业发展现状

科技服务业是北京科技创新中心建设的实施主体和重要力量。2019年，北京市科技服务业机构总量达到73.7万个，较上年增长1.6%，占北京市各行业机构总量的40.6%，其中在作为中关村国家自主创新示范区核心的海淀区，科技服务业机构总量和新设数量分别为17.2万个和1.7万个，居北京市首位。科技服务业的平稳发展为科创中心建设打下了坚实基础。科创企业和高新技术企业是落实创新驱动发展战略的重要支撑，截至2019年年底，北京市有科创企业1.9万个，经认定的高新技术企业2.7万个，经认定的技术先进型服务企业84个，成为全国科技创新中心的有力体现。金融业是带动北京市经济发展、构建"高精尖"经济结构的重要支柱产业，2019年，北京市科技金融机构总量5455个，新设148个，其中海淀区、朝阳区科技金融机构较为集中，成为北京金融科技与专业服务创新示范区。

天津市2017年科技服务业增加值为996.39亿元，占第三产业增加值比重为9.2%，2021年专业技术服务收入增长15.3%，国家科技型中小企业9196家，全年签订技术合同12560项，增长27.9%；技术交易额620.12亿元，增长3.2%。在科学研究与实验领域，天津市重点打造物质绿色创造与制造、先进计算与关键软件（信创）、合成生物学、现代中医药、细胞生态5个海河实验室和中药国家重点实验室。大学科技园建设加快推进，在科技推广服务领域，天津市2021年认定4家高水平大学科技园，孵化企业130余家，转化科技成果60余项，全年市级科技成果登记数1972项，专利授权9.79万件，增长29.8%，其中发明专利7376件，增长40.2%。

河北省相对于北京市和天津市来说，在科技服务领域的发展存在较大差距。2016 年，河北省科技服务业增加值为 404.2 亿元，占第三产业增加值比重为 3.0%，同期北京市和天津市的科技服务业增加值为 2512 亿元和 913.35 亿元，占第三产业增加值比重分别为 12.2% 和 9.1%。河北省近年来加快科技服务业发展速度，到 2020 年，河北省新增国家级高新技术企业 2200 家、科技型中小企业 1.2 万家，国家重点实验室、国家工程中心等国家级创新平台增加到 102 家，省级创新平台总数达到 2110 家，万人发明专利拥有量同比增长 17.8%，技术合同成交总额增长 16.6%。自雄安新区设立以来，机构总量呈现快速增长，2019 年雄安新区的科学研究和技术服务业，租赁和商务服务业，信息传输、软件和信息技术服务业机构总量分别增长 77.2%、57.9%、53.4%，位居前列，与北京市产业结构调整形成互动格局。

## （二）京津冀科技服务业区域协同现状

2015 年以来，京津冀科技服务业协同发展走的是一条"区域科技服务生态系统"的建设道路，用"生态系统论"和"三层分类法"明确科技服务业的内涵和外延，用"全链条视野"聚焦科技服务业的发展重点。随着京津冀在科技服务领域协同发展的持续深化，该区域科技服务业的发展规模、资金投入力度和科技成果产出都显著提升，地区经济社会和科技创新深度融合。

科技服务规模和基础建设加快。2019 年京津冀地区科技服务机构数量由 2013 年的 216.6 万个增至 386.4 万个，年均增长 10.1%。2017 年，京津冀协同发展产业投资基金设立。2021 年，京津冀（天津）科技成果转化基金、京津冀国家技术创新中心天津中心完成挂牌。

科技服务项目交叉融合规模提升。三地法人单位在京津冀区域内，跨省（市）设立产业活动单位数量迅速增长。2018 年年末，京津冀法人单位在区域内跨省（市）的产业活动单位 1.6 万家，占区域内产业活动单位总量的 5.5%，京津冀法人单位在区域内跨省（市）的产业活动单位数量比 2013 年年末增长 180.2%。天津市 2021 全年引进北京地区投资项目 1076 个，到位资金 1369.80 亿元，增长 8.5%，占全市内资比重超过 40%。中央企业和单位在津新设机构 173 家，一批高质量项目落地，总投资 1621 亿元。天津滨海—中关村科技园累计注册企业突破 3000 家，宝坻京津中关村科技城等承接载体加快建设，京津合作示范区体制机制全面理顺。

## 二、粤港澳大湾区科技服务业区域协同

科技服务业区域协同是粤港澳大湾区突破制度壁垒限制的试点领域，也是其科技创新体系建设的重要组成部分。粤港澳大湾区具备良好的科技服务业发展基础，研发经费保障充足，基础科学研究体系完备，科技人才充盈，专业科技服务机构成熟，具备显著的发展优势。推进科技服务业区域协同创新是粤港澳大湾区加速创新要素集聚、对标国际科技创新高地、实现区域经济高质量发展的重要手段。

### （一）粤港澳科技服务业发展现状

自 2013 年以来，广东省科技服务业以年产值 20% 左右的增幅快速发展。2019 年，规模以上科技服务业企业营业总额为 3084.7 亿元，同比增长 14.2%，科技服务业法人单位总数为 181524 家，相关从业人数为 127.13 万人，从业规模保持持续增长态势，服务能力不断提升。到 2020 年，全省专利申请授权量为 709725 件，技术合同成交额为 3465.92 亿元，科技服务成果显著，科技服务业成为广东省地区生产总值的重要贡献力量。

香港地区健全的法律制度、开放的市场环境以及与世界接轨的行业技

术标准，为科技服务业的发展奠定了坚实的基础，推动香港科技服务业飞速发展。2018 年，香港科技服务业增加值 1001 亿港元，占本地生产总值的 3.7%；科技服务机构总数为 33917 家，从业人数为 176778 人。香港的科技服务从业人员中，30% 左右属于会计和法律领域的专业技术服务人员，相对而言，科学研究服务领域略显薄弱，该领域从业人员占科技服务从业人员总数的 1.69%。

依托研究平台和会展业的优势基础，以葡语系国家国际科技转移为重点，澳门科技服务业近几年也得到了大力发展。2018 年，澳门科技服务业增加值为 20718 百万澳门元，占本地生产总值的 4.74%，科技服务从业人员为 1.65 万人。凭借对外开放度高的政策优势，澳门引进多家科技服务中介公司投资设厂，带动了研发、技术咨询、检验检测和科技金融等领域的快速发展。

### （二）粤港澳科技服务业区域协同现状

粤港澳大湾区科技服务业的区域协同发展，体现在研发服务、技术转移推广和产业化服务等多个领域，三地以各自优势资源为基础，联合开发、联合创新、联合建设和联合服务。

在科技研发实验室建设上，国家重点实验室、粤港澳联合实验室、广东省重点实验室多层次建设成效显著。截至 2019 年，共建设 30 家国家重点实验室，341 家广东省重点实验室和 20 家粤港澳联合实验室，打造了跨区域、跨领域的重要科技创新平台，成为粤港澳大湾区科技创新的核心平台。由于区内联合办学的领域和数量都不多，粤港澳大湾区在科研领域的协同方面仍然有巨大的发展空间。

在技术转移和推广平台建设上，粤港澳大湾区的协同效应不高。广东省拥有较为成熟的技术转移服务体系，建设了一批具有区域示范效应的技术交易平台，技术成交额连年攀升，2020 年技术成交规模排名全国第二。

香港在知识产权服务领域具备国际竞争力和影响力，拥有专注于知识产权资产金融交易的香港知识产权交易所，能够提供知识产权代理、特许经营、版权交易等高质量科技服务。虽然港澳具备一定的技术转移产业基础，但是粤港澳大湾区在技术转移领域的区域协同性并不高，技术平台交易信息没有实现充分共享和有效对接。

在产业化服务领域，粤港澳大湾区科技企业孵化器的协同建设成效显著，创新创业服务质量优越。2019 年，珠三角地区建设科技企业孵化器896 个，占全省科技企业孵化器总量的90.6%，港澳地区先后建成香港科学园、澳门创新科技中心和澳门青年创业孵化中心等。为进一步拓展粤港澳大湾区创业孵化空间，广东省大力支持南沙、前海、横琴等港澳青年创新创业基地建设，为港澳青年在粤创业提供优质服务。粤港澳大湾区拥有香港交易所、深圳证券交易所等实力强劲的资本市场，先后建成了31 个科技金融综合服务中心，推动科技金融资源融合。

从科技服务产业整体协同程度来看，粤港澳三地虽然各自科技资源优势突出，科技服务历史悠久、制度完善，但其科技服务优势仍未得到充分开发利用，且在"两种制度、三个关税区"的特殊背景下存在行业标准不统一的阻力。未来粤港澳在科技服务领域的协同发展仍需不断探索制度创新，深化产业链分工协作，推动产业融合。

## 三、长三角科技服务业区域协同

长三角地区拥有全国2%的土地、10%的人口、22%的GDP，研发人员数量占全国的20%，研发经费投入、专利申请总量和高技术产业产值占全国比重接近1/3，这意味着长三角区域科技服务、科技产出方面走在全国前列。2018 年11 月5 日，习近平总书记在首届中国国际进口博览会上宣布，支持长江三角洲区域一体化发展并上升为国家战略。

2019 年，长三角科技资源共享服务平台开通，该平台共建 9 个服务站点，与苏、浙两省八地建立了"科技创新券"跨区域互认互用机制，逐步构建长三角区域科技服务体系。该平台整合三省一市 2377 家服务机构的 4 万余台（套）大型科学仪器设施，总价值超过 360 亿元，企业足不出户，就能访问并预约使用长三角科技资源信息。在后续建设中，将继续整合机构、人才、文献、科学数据与科技资源，在功能定位、运营机制、服务体系和资源集聚等方面，进一步开展富有成效的工作。

2020 年，由长三角双创示范基地联盟牵头建设，国家技术转移东部中心负责运营的"一券通"平台已正式上线，来自长三角区域的 120 家高校、科研院所、技术转移机构等科技服务商成功入驻。服务产品覆盖知识产权、技术研发、检验检测、技术转移、科技金融、人才培训、创新创业服务等类型。长三角"双创券"服务资源共享程度正稳步提升，共有 1369 项服务资源入库，其中上海市 596 项、温州市 420 项、昆山市 347 项、太仓市 6 项；科技券服务机构为 136 家，其中上海市 56 家、温州市 39 家、昆山市 32 家、太仓市 9 家。自该平台运行以来，共有 147 家企业申领了额度为 1470 万元的"双创券"，体现了政策的普惠性。

# 第三节　襄阳市科技服务业区域协同发展展望

## 一、协同强化基础研究服务能力

作为"科创中国"试点城市，襄阳市要建成在湖北省乃至全国有一定影响力的科创中心，需要以强大的原始创新能力为支撑。要想通过区域协同强化汽车、新能源和装备制造领域的传统优势，必须提升科技服务上游基础研究能力，助力襄阳市打造全国科创高地。

## （一）加强核心科技基础设施协同布局

重大科技基础设施是代表国家科技水平、创新能力和综合实力的国之重器，是世界科技强国的重要标志。湖北省"十四五"规划中关于重大科技基础设施的建设范围涉及提升脉冲强磁场、精密重力测量等重大基础设施性能和开放度，启动实施生物医学成像设施省部共建试点和武汉光源建设试点，对接国家布局，适时推进作物表型组学、农业微生物、磁阱型聚变中子源等重大科技基础设施建设。襄阳市应积极融入湖北省重大科技基础设施建设布局，加快科研基础设施和仪器建设。

## （二）协同建设高水平基础研究平台

襄阳市应依托"一主引领、两翼驱动、全域协同"区域发展布局，加快培育和建设国家级和省级重点实验室，根据襄阳市优势产业创新需求，布局建设一批产业技术研究院、创新综合体等创新平台，充分利用城市群和经济带的高校创新资源，布局一批联合实验室，支持城市群企业、高校和科研院所联合建设一批高水平的协同创新平台，促进实验室、科研仪器、科学数据等开放共享，实现城市群内研发资源优化配置。

## （三）联合开展核心关键技术攻关

"襄十随神"城市群将聚焦共同打造区域创新中心、共建科技服务大平台、联合开展核心关键技术攻关。组建城市群创新联盟，共同推进关键技术攻关和成果转化，完善科技创新体系，推动产业与创新深度融合；以汽车及零部件、装备制造等领域为突破口，搭建开放创新平台，完善创业服务体系，推动先进制造业创新发展；推动重点产业实现共性课题研究，推行重大科技项目揭榜挂帅制，合作推进关键技术攻关和成果转化。

## 二、协同提升科技推广服务质量

科技推广服务是襄阳市科技服务业发展较为成熟的领域，要推进城市群科技推广协同发展，需要加快形成城市群统一的科技服务产品市场和要素市场，促进城市群内各科技服务主体对接与合作，提高科技服务资源配置效率的同时，实现城市群内科技服务产业链条有效衔接。

### （一）完善城市群技术交易市场网络平台建设

依托武汉科技成果转化中心、武汉知识产权交易所、中国技术交易所襄阳工作中心、国家专利技术（宜昌）展示交易中心、河南省技术产权交易所、陕西技术产权交易所等，推动城市群技术交易市场融合共建、信息共享，构建线上线下交叉支撑、多层次专业化的技术（产权）交易市场服务体系，促进区域内技术交易规模稳步增长。

### （二）促进城市群科技要素资源的自由流动和开放共享

通过制度改革创新，提升城市群科技资源市场化程度，释放国有企业或事业单位科技资源活力；构建城市群人力资源共享及交流培训机制，提高人才流动与交流规模；破除地方保护壁垒，实现城市群科技服务业资本流动、重组、合作便捷化。

### （三）推动城市群科技推广服务企业深度合作

通过园区统筹协作、龙头企业带动、产业政策指导，加强产学研合作力度，整合城市群科技服务业生产价值链条，支持城市群科技服务企业共同开展成果应用与推广、标准研究与制定等专业活动。

## 三、协同发挥专业技术服务优势

### （一）协同发展全国有影响力的新材料创新极

新材料产业是需要"放眼未来、着手当下"的先导产业，也是襄阳市抢占未来战略制高点的支柱产业之一。襄阳市航天 42 所 2015 年成为襄阳市第一家国家级技术转移示范机构，在襄阳市甚至汉江流域的新材料产业发展中起到核心支撑作用。《襄阳市工业和信息化发展"十四五"规划》指出，依托武汉理工大学材料科学与工程学科优势，结合襄阳产业优势，统筹协调国内材料科学与工程学科领域知名高校、科研院所、龙头企业等多方参与建设，共建湖北隆中实验室。

### （二）协同"襄十随神"建设汽车产业创新引领区

"襄十随神"城市群正携手打造万亿级汽车产业走廊，应加快组建"襄十随神"城市群专用汽车产业技术创新战略联盟，经常性组织开展"襄十随神"专用汽车及其零部件产业技术交流会、产品对接会，加强各地企业在产品设计、研发、制造、销售、出口等方面的信息共享与合作交流，促进全方位协同，共同打造全省乃至中部地区最大的专用汽车研发、企业孵化、检验检测和涂装基地。

### （三）协同汉江生态经济带建设"双碳"科技创新应用先行区

落实国家"碳达峰""碳中和"重大战略部署，坚持减量化增长，与汉江生态经济带主要城市加强在大气污染防治、新能源、智能电网等领域的科技创新布局协同，以场景创新推进先进"双碳"科技成果转化应用，培育绿色动能，发展绿色经济，带动汉江生态经济带高质量发展。

（四）协同"北部列阵"建设科技创新驱动高质量发展示范区

持续增强湖北省域副中心城市、汉江流域中心城市创新引领功能，充分发挥各地比较优势，探索以科技创新辐射带动"襄十随神"城市群高质量发展之路。

## 四、协同构建和完善一体化机制体系

（一）完善利益共享机制

强化城市群内利益共同体意识，鄂豫冀省级政府和城市群相关地区政府要不断强化一体化发展新理念，树立新型的区域观与"区域联动、共同发展"的整体战略意识；完善利益补偿机制，建立"汉江生态经济带发展基金"和"城市群发展基金"，用于城市群内省际毗邻地区以及城际毗邻地区基础设施建设，以及溢出效应强、产业链延伸空间大的跨区域产业集群培育发展。

（二）强化一体化发展动力机制

完善城际内联外达交通网络，加快城际铁路建设，优化多层次轨道交通体系的同时，强化协同创新投入机制，抱团争取国家对城市群地区的新型基础设施的重大项目投资，联合争取国家区域科技创新中心落户。

（三）健全一体化发展保障机制

推进城市群层面的法治协作，以有效的法律制定来提升鄂豫冀政府间的相关协议的可信性及执行力，强化一体化发展的法制基础。同时，构建一体化建设评价标准，从基础设施一体化、产业布局一体化、技术服务一体化等方面，建立跟踪评估制度，对一体化发展关键要素进行针对性监测、统计分析与评价，动态修改完善，引领一体化发展可持续深入推进。

# 参考文献

［1］藤田昌久，克鲁格曼，维纳布尔斯．空间经济学：城市、区域与国际贸易［M］．梁琦，译．北京：中国人民大学出版社，2011．

［2］克鲁格曼．发展、地理学与经济理论［M］．蔡荣，译．北京：北京大学出版社，2000．

［3］杜能．孤立国同农业和国民经济的关系［M］．吴衡康，译．北京：商务印书馆，1986．

［4］熊彼特．经济发展理论：对于利润、资本、信贷、利息和经济周期的考察［M］．何畏，易家详，等译．北京：商务印书馆，1990．

［5］波特．竞争优势［M］．陈丽芳，译．北京：中信出版社，2014．

［6］波特．竞争战略［M］．陈丽芳，译．北京：中信出版社，2014．

［7］波特．国家竞争优势［M］．李明轩，邱如美，译．北京：中信出版社，2012．

［8］马歇尔．经济学原理［M］．朱志泰，陈良璧，译．北京：商务印书馆，2019．

［9］韦伯．工业区位论［M］．李刚剑，陈志人，张英保，译．北京：商务印书馆，1997．

［10］安索夫．战略管理［M］．邵冲，译．北京：机械工业出版社，2010．

［11］张维迎．博弈论与信息经济学［M］．上海：上海人民出版社，2004.

［12］俞立平，钟昌标．高技术产业自主研发与协同创新协调发展研究［M］．北京：经济科学出版社，2017.

［13］王庆金，马伟，马浩．区域协同创新平台体系研究［M］．北京：中国社会科学出版社，2014.

［14］吴绍波，龙跃，顾新．新兴产业创新生态系统的协同创新机制研究［M］．北京：经济科学出版社，2017.

［15］管泉，厉娜，刘瑾．青岛市科技服务业发展战略研究［M］．青岛：中国海洋大学出版社，2016.

［16］关峻．北京市科技服务业发展状况研究与前景分析［M］．北京：科学出版社，2013.

［17］张孟裴．中国科技服务业策略研究——以辽宁省为例［D］．锦州：渤海大学，2014.

［18］高蕾．新型科技服务业分类及其发展影响因素研究——以安徽省为例［D］．合肥：安徽大学，2016.

［19］王冕．创新驱动战略下区域科技服务业综合优势发展路径研究［D］．哈尔滨：哈尔滨理工大学，2021.

［20］邓悦．科技服务业发展水平与区域研发效率关系研究——基于省级行政区域的实证研究［D］．西安：西安电子科技大学，2014.

［21］梁咏琪．基于产业互动的科技服务业集聚对区域创新绩效的作用机制研究［D］．广州：华南理工大学，2019.

［22］邱荣华．新科技革命背景下科技服务业发展的创新研究——基于复杂系统理论的视角［D］．广州：华南理工大学，2015.

［23］王晶欣．科技服务业集聚与区域创新能力发展的耦合作用机理及协同运行机制研究［D］．镇江：江苏科技大学，2019.

［24］兰海．湖北省科技服务业发展现状及对策研究［D］．武汉：武汉工程大学，2016.

［25］苏庭栋．科技服务业集聚对制造创新绩效的影响研究［D］．北京：北京交通大学，2019.

［26］周立敏．中国科技服务业集聚水平的测度及收敛性研究［D］．武汉：中南财经政法大学，2019.

［27］王亚坤．我国科技服务业集聚效应研究［D］．郑州：郑州大学，2019.

［28］齐芮．科技服务业集聚与区域经济增长关系研究［D］．广州：华南理工大学，2018.

［29］张鹏，梁咏琪，杨艳君．中国科技服务业发展水平评估及区域布局研究［J］．科学学研究，2019，37（5）：833 – 844.

［30］杨龙塾．我国科技服务业发展问题与对策研究［D］．青岛：中国海洋大学，2010.

［31］谢静．科技服务业集聚化发展动力机制研究［D］．武汉：华中科技大学，2015.

［32］李炎．当代中国马克思主义科技观指导下湖北省科技服务业发展研究［D］．武汉：武汉工程大学，2020.

［33］范雯颖．科技服务业集聚对区域创新的影响研究［D］．杭州：浙江理工大学，2019.

［34］廖泰来．湖北省科技服务业集聚水平及影响因素研究［D］．武汉：武汉理工大学，2020.

［35］朱选功，王宁，李刚．区域协同创新对产业转型升级的影响研究：以中部六省为例［M］．北京：中国经济出版社，2019.

［36］肖春梅，孙久文，叶振宇．中国区域经济发展战略的演变［J］．学习与实践，2010（7）：5 – 11，2.

［37］张骁，周霞，王亚丹．中国科技服务业政策的量化与演变——基于
扎根理论和文本挖掘分析［J］．中国科技论坛，2018（6）：6－13.

［38］朱相宇，彭培慧．产业政策对科技服务业全要素生产率的影响［J］．
华东经济管理，2019，33（10）：66－73.

［39］李晓龙，冉光和，郑威．科技服务业空间集聚与企业创新效率提
升——来自中国高技术产业的经验证据［J］．研究与发展管理，
2017，29（4）：1－10.

［40］孟卫军，林刚，刘名武．科技服务业与高技术制造业协同集聚对创
新效率的影响［J］．西部论坛，2021，31（3）：82－96.

［41］张鑫，梁佩云，陈茹茹．区域科技服务业服务创新能力评价——基
于改进的 CRITIC－VIKOR 法［J］．科技管理研究，2020，40（16）：
60－69.

［42］姜江．新中国成立 70 年科技服务业与体制改革［J］．科技管理研
究，2020，40（23）：14－22.

［43］徐尚英，王倩，陈冬林，等．融入区块链即服务的科技服务数据共
享机制［J］．科技管理研究，2021，41（6）：116－123.

［44］姚战琪．科技服务业集聚对产业升级的影响研究［J］．北京工商大
学学报（社会科学版），2020，35（6）：104－114.

［45］周柯，靳欣．我国科技服务业链式化与生态化耦合发展研究［J］．
中州学刊，2019（1）：28－33.

［46］李淑燕，吴远仁．科技服务业集聚、区域一体化及对工业升级的影
响［J］．合肥工业大学学报（社会科学版），2019，33（4）：
7－15.

［47］刘丽琼，穆燕．科技服务业集聚对产业升级的影响研究［J］．市场
周刊，2021，34（10）：38－40.

［48］李杰中．基于区域创新能力提升的科技服务业发展影响因素分析

[J]．鸡西大学学报，2016（2）：56-58．

[49] 冯华，王智毓．我国科技服务业与经济增长关系的实证研究［J]．
软科学，2018，32（2）：6-10．

[50] 黄晓琼，徐飞．科技服务业与高技术产业协同集聚创新效应：理论
分析与实证检验［J]．中国科技论坛，2021（3）：93-102．

[51] 秦松松，董正英．科技服务业集聚对区域创新产出的空间溢出效应
研究——基于本地溢出效应和跨区域溢出效应的分析［J]．管理现
代化，2019，39（2）：40-44．

[52] 吴芹，蒋伏心．创新价值链下科技服务业集聚对区域创新效率的影
响［J]．中国科技论坛，2020（5）：128-137．

[53] 王必锋，赖志花．科技服务业促进京津冀协同创新发展的实现路径
与政策研究［J]．统计与管理，2020，35（6）：52-55．

[54] 李壮壮．科技服务业经济带动效应测算［J]．统计与决策，2022，
38（3）：135-139．

[55] 陈磊，杜宝贵．科技服务业何以激发区域创新"一池活水"——基
于中国内地31个省级区域的 fsQCA 分析［J]．科技进步与对策，
2022，39（18）：31-38．

[56] 王霄琼，马婧．多维度视角下科技服务业促进创新的机制研究［J]．
科学管理研究，2021，39（5）：49-55．

[57] 黄晨．科技服务业有效供给促进创新创业升级［J]．科技中国，
2021（5）：48-50．

[58] 刘宾．协同发展中提升区域创新能力路径探讨——以京津冀为例
［J]．理论探讨，2021（4）：84-90．

[59] 袁志强．长江经济带区域协同创新能力综合评价研究［D]．贵阳：
贵州大学，2018．

[60] 宋英华，卢婷婷，方丹辉，等．网络视角下应急产业集群协同创新能

力评价研究 [J]. 科技进步与对策, 2017, 34 (15): 107 – 113.

[61] 孙逊, 孙峰. 创新型国家科技创新体系建设的有益经验及启示 [J]. 中国高新技术企业, 2012 (25): 3 – 5.

[62] 张清正, 魏文栋, 孙瑜康. 中国科技服务业区域非均衡发展及影响因素研究 [J]. 科技管理研究, 2016, 36 (1): 89 – 94.

[63] 郝大江, 张荣. 要素禀赋、集聚效应与经济增长动力转换 [J]. 经济学家, 2018 (1): 41 – 49.

[64] 陈立泰, 张祖妞. 服务业集聚与区域经济差距: 基于劳动生产率视角 [J]. 科研管理, 2011, 32 (12): 126 – 133.

[65] 高鸿业. 宏观经济学原理 [M]. 北京: 中国人民大学出版社, 2012.

[66] 田振中. 科技服务业与制造业发展互动关系实证研究——以河南省为例 [J]. 财会通讯, 2018 (17): 58 – 61.

[67] 王永顺. 加快发展科技服务业提升创新创业服务水平 [J]. 江苏科技信息, 2005 (8): 1 – 2.

[68] 张运生. 高科技产业创新生态系统耦合战略研究 [J]. 中国软科学, 2009 (1): 134 – 143.

[69] 北京市人民政府. 北京市人民政府关于加快首都科技服务业发展的实施意见 [J]. 北京市人民政府公报, 2015 (20): 12 – 22.

[70] 杨英. 发达国家科技服务业运营及服务模式对中国的启示 [J]. 当代经济, 2016 (4): 4 – 5.

[71] 刘媛, 黄斌, 姚缘. 我国典型科技服务业聚集区发展模式对江苏的启示 [J]. 科技管理研究, 2016, 36 (2): 189 – 193.

[72] 李杰中. 开放式创新视角下的科技服务业发展影响因素分析 [J]. 宁德师范学院学报 (哲学社会科学版), 2015 (4): 31 – 33.

[73] 周慧妮, 龙子午. 湖北省科技服务业发展的实证研究 [J]. 武汉轻

工大学学报，2015，34（3）：105 – 110.

[74] 张清正.中国科技服务业集聚的空间分析及影响因素研究 ［J］.软科学，2015，29（8）：1 – 4，24.

[75] 钟欣.2022—2027 年战略性新兴产业科技成果转化发展模式与前景分析报告 ［R］.北京：前瞻产业研究院，2021.

[76] 夏明珠.加快长三角城市副中心科技服务业发展的战略思考——以合肥市为例 ［J］.湖北第二师范学院学报，2015，32（9）：36 – 39.

[77] 于升峰.区域科技发展规划中技术路线图的应用实证 ［J］.科技管理研究，2011，31（21）：27 – 30.

[78] 徐顽强，陈书华.我国科技服务业研究的文献计量分析 ［J］.科技管理研究，2016，36（3）：55 – 60.

[79] 张琴，赵丙奇，郑旭.科技服务业聚集与制造业升级：机理与实证检验 ［J］.管理世界，2015（11）：178 – 179.

[80] 黎翔，石会昌，李明，等.科技集成服务探索与实践——以江门高新区科技服务集成为例 ［J］.中国高新区，2014（1）：128 – 131.

[81] 胡晓慧.科技服务业发展模式与体制分析 ［J］.特区经济，2015（9）：149 – 150.

[82] 孙林夫.科技服务与价值链协同业务科技资源 ［M］.北京：电子工业出版社，2021.

[83] 顾乃华.科技服务业发展模式研究 ［M］.广州：暨南大学出版社，2019.

[84] 广东省生产力促进中心.粤港澳大湾区科技服务业创新发展研究 ［M］.北京：经济科学出版社，2021.

[85] 薛强.中国科技服务的探索与实践：生产力促进中心科技服务典型50 例 ［M］.沈阳：东北大学出版社，2011.

[86] 屠启宇，林兰.国际科技创新中心建设与区域协同创新：上海、上

海大都市圈和长江经济带［M］. 上海：上海社会科学院出版社，2021.

［87］梁婉君，何平. 京津冀区域协同创新监测系统研究——兼与长三角区域协同创新比较［J］. 统计研究，2022，39（3）：132－141.

［88］李亚倩. 区域协同创新与产业升级——以京津冀为例［J］. 产业创新研究，2021（13）：6－9.

［89］周涛，张梦雅. 汉江生态经济带区域协调与绿色增长效率研究［J］. 农村经济与科技，2020，31（19）：52－54.

［90］马子路，黄亚平. 城市科技服务业空间格局及影响因素研究——以武汉都市区为例［J］. 南方建筑，2022（1）：41－47.

［91］张寒旭，刘沁欣. 粤港澳大湾区科技服务业协同发展研究——基于产业链的视角［J］. 科技管理研究，2021，41（21）：176－185.

［92］廖泰来，晏敬东. 长江中游城市群科技服务业集聚水平研究——2014—2018年中国五大城市群科技服务业数据［J］. 科技创业月刊，2019，32（9）：36－39.

［93］林宏杰. 市场效应、政府行为与科技服务业集聚发展的空间视角分析——以福建省为例［J］. 重庆大学学报（社会科学版），2018，24（5）：1－17.

［94］王吉发，敖海燕，陈航. 基于创新链的科技服务业链式结构及价值实现机理研究［J］. 科技进步与对策，2015，32（15）：59－63.

［95］张振刚，李云健，陈志明. 科技服务业对区域创新能力提升的影响——基于珠三角地区的实证研究［J］. 中国科技论坛，2013（12）：45－51.

［96］高丽娜，卫平. 科技中介结构的异质性对区域创新能力的影响［J］. 中国科技论坛，2011（5）：86－90.

［97］赵喜仓，李冉，吴继英. 创新主体与区域创新体系的关联机制研究

［J］．江苏大学学报（社会科学版），2009（2）：68－72.

［98］钟小平．科技服务业产业集聚：市场效应与政策效应的实证研究［J］．科技管理研究，2014，34（5）：88－94，99.

［99］宋宏．围绕全创新链构建科技服务产业链的关系与构成［J］．安徽科技，2021（2）：4－11.

［100］邹叔君，杨文硕．赋能共生：高水平科技服务业人才培养模式研究［J］．科技中国，2021（10）：72－76.

［101］李海飞，席枫．雄安高端科技服务业集聚发展路径分析［J］．产业与科技论坛，2021，20（19）：22－24.

［102］施晓丽，程千驹，蒋林林．科技服务业推动福建创新驱动发展的对策研究［J］．集美大学学报（哲学社会科学版），2021，24（3）：27－38.

［103］吴标兵，许为民，许和隆，等．大数据背景下科技服务业发展策略研究［J］．科技管理研究，2015，35（10）：104－109.

［104］朱文涛，顾乃华．科技服务业集聚是否促进了地区创新——本地效应与省际影响［J］．中国科技论坛，2017（11）：83－92，98.

［105］张思琴，梅丁丁，童金杰，等．长江中游城市群科技服务机构发展对策研究［J］．科技广场，2021（3）：70－77.

［106］何宇．科技服务业研究进展：综述与展望［J］．中国科技产业，2020（10）：54－56.

［107］牟如玲．科技服务业分类体系的应用与标准化［J］．中国科技信息，2019（20）：98－100.

［108］徐艳霞．长江中游城市群创新效率评价与协同发展研究［D］．武汉：湖北省社会科学院，2018.

［109］陈智国．跨区域产业集群协同创新演化机理研究［D］．北京：首都经济贸易大学，2016.

［110］ 王聪．基于人才聚集效应的区域协同创新网络研究［D］．太原：太原理工大学，2017.

［111］ 李兰冰．深化协同积极融入构建新发展格局［J］．前线，2021（10）：56－58.

［112］ 汤长安，邱佳炜，张丽家，等．要素流动、产业协同集聚对区域经济增长影响的空间计量分析——以制造业与生产性服务业为例［J］．经济地理，2021，41（7）：146－154.

［113］ 马婉莹．中原城市群协同创新发展问题研究［J］．投资与创业，2021，32（10）：55－58.

［114］ 徐悦，杨力．技术创新能力对不同区域经济发展的实证研究［J］．黑龙江工业学院学报（综合版），2021，21（4）：45－51.

［115］ 段沛佑，于芮华，殷萌．供应链体系建设协同区域经济创新发展的研究［J］．供应链管理，2020，1（8）：26－34.

［116］ 周凯，宋嘉．产教融合协同创新与区域经济高质量发展路径研究［J］．中国市场，2020（8）：23－24.

［117］ 郝新东，杨俊凯．科技创新对区域经济发展的溢出效应——一个文献综述［J］．经济界，2020（2）：53－56.

［118］ 严良，蒋梦婷，熊伟伟．区域经济—环境—创新系统协同演化分析——基于自组织的视角［J］．中国经贸导刊（中），2020（1）：59－63.

［119］ 胡明媛．"互联网＋金融"产业升级创新路径探析——基于京津冀区域经济协同视角［J］．商业经济研究，2019（1）：187－189.

［120］ 苟兴朝，杨继瑞．从"区域均衡"到"区域协同"：马克思主义区域经济发展思想的传承与创新［J］．西昌学院学报（社会科学版），2018，30（3）：17－22.

［121］ 胡伟．信息社会背景下区域协调发展的新思考［J］．区域经济评

论，2017（6）：39 - 48.

[122] 张蓉. 推进高校创新创业教育与区域经济协同发展［J］. 中国高等教育，2017（23）：37 - 39.

[123] 李颖."一带一路"背景下区域经济协调发展创新探索［J］. 黑河学院学报，2017，8（10）：38 - 39.

[124] 高丽娜，宋慧勇. 新常态背景下区域协调发展机制创新［J］. 技术经济与管理研究，2017（7）：108 - 112.

[125] 侯灵艺. 构建"一带一部"区域经济增长新体系［J］. 新湘评论，2017（7）：20 - 21.

[126] 郭咏嘉. 政产学研结合推进区域协同创新［J］. 中国高校科技，2017（Z1）：56 - 58.

[127] 赵利. 区域经济建设与产学研协同创新模式研究［J］. 魅力中国，2017（3）：149，168.

[128] 王少芳，王文君. 江苏省区域经济创新协同网络发展研究［J］. 特区经济，2016（10）：28 - 29.

[129] 陈智国. 跨区域产业集群协同创新系统动力演化研究［J］. 经济研究参考，2016（51）：24 - 32.

[130] 杨玉红. 打造长江经济带创新产业链协同推动区域经济转型升级［J］. 中国发展，2015，15（5）：12 - 15.

[131] 高玉洁，王景文，郑磊. 高校协同创新与区域经济良性互动机制探究［J］. 合作经济与科技，2015（19）：109 - 110.

[132] 李祖超，梁春晓. 协同创新运行机制探析——基于高校创新主体的视角［J］. 中国高教研究，2012（7）：81 - 84.

[133] 杨斌，董少军，刘倩. 创新驱动发展战略与产业集群层次协同发展［J］. 哈尔滨师范大学社会科学学报，2015，6（5）：79 - 81.

[134] 赵春玲. 产业集群视域下区域经济协同发展的战略探讨［J］. 现代

经济信息，2017（20）：467 - 468.

［135］任浩，任文举. 产业集群与区域经济发展探析［J］. 北方经济，
2011（21）：43 - 44.